JN063720

iPhone
迷わず使える
操作ガイド
2021

知識ゼロ
でも大丈夫?

ショップで
聞かなくても
OK!

standards

はじめて手にしたiPhone。
何をどうしたらいいのか わからない…。
そんな人もつまずくことなく
基本操作が 身につきます。

はじめにお読みください

本書の記事は2020年12月の情報を元に作成しています。iOSやアプリのアップデートおよび使用環境などによって、機能の有無や名称、表示内容、操作法が本書記載の内容と異なる場合があります。あらかじめご了承ください。また、本書掲載の操作によって生じたいかなるトラブル、損失についても、著者およびスタンダーズ株式会社は一切の責任を負いません。自己責任でご利用ください。

CONTENTS

SECTION 1 基本の操作ガイド

SECTION 2 アプリの操作ガイド

SECTION 3 もっと役立つ便利な操作

iOSのアップデートについて

iPhoneを動かす「iOS」というソフトウェアは、新機能の追加や不具合の修正などを施したアップデートが時々配信される。初期設定で「自動アップデート」を有効にした場合は自動でアップデートされるが、そうでない場合は、「設定」→「一般」→「ソフトウェア・アップデート」で「ダウンロードしてインストール」をタップし、アップデートを実行しよう。なお、アップデートにはWi-Fiが必須となる。iPhoneは最新状態での利用が推奨されるので、アップデートは早めに行うようにしよう。

アップデートを
手動で行う

「設定」→「一般」→「ソフトウェア・アップデート」で「ダウンロードしてインストール」をタップ。

自動アップデート
を設定する

スイッチをオンに

「設定」→「一般」→「ソフトウェア・アップデート」→「自動アップデート」でスイッチをオンにすれば、通知が届いた後、夜間に自動でアップデートが実行される。ただし、充電器およびWi-Fiに接続されていなければならない。

記事掲載のQRコードについて

本書の記事には、アプリの紹介と共にQRコードが掲載されているものがある。このQRコードを読み取ることによって、アプリを探す手間が省ける仕組みだ。「カメラ」アプリを起動し、「写真」モードのままカメラをQRコードへ向けると即座にスキャンし、該当アプリの入手画面が表示される。なお、アプリの入手方法はP020〜021で詳しく解説している。

1 カメラをQR
コードへ向ける

「カメラ」アプリを起動し、QRコードへ向ける。画面上部の「App Storeで表示」のバナーをタップする。

2 読み取り完了後
入手画面が開く

即座に読み取られ、アプリの入手画面が開く。「入手」をタップしてインストールしよう。

基本の操作ガイド

まずはiPhoneの基本操作をマスターしよう。本体に搭載されているボタンの役割や、操作の出発点となるホーム画面の仕組み、タッチパネル操作の基本など、iPhoneをどんな用途に使うとしても必ず覚えなければいけない操作を総まとめ。

端末の側面にある電源ボタンの使い方

電源のオン／オフと スリープの操作を覚えよう

本体操作

iPhoneの右側面にある電源ボタンは、電源やスリープ（消灯）などの操作を行うボタンだ。電源オンは電源ボタンを長押し、電源オフは電源ボタンと音量ボタン（ホームボタン搭載モデルは電源ボタンのみ）を長押し、スリープ／スリープ解除は電源ボタンを押すことで切り替えできる。なお、電源オフ時は

iPhoneの全機能が無効となり、バッテリーもほとんど消費されない。一方スリープ時は画面を消灯しただけの状態で、電話やメールの着信といった通信機能、各種アプリの動作などはそのまま実行され続ける。iPhoneを使わないときは基本的にスリープ状態にしておけばいい。

電源オン／オフおよびスリープ／スリープ解除の操作方法

1 電源オンは 電源ボタンを長押し

①電源オフの状態で電源ボタンを長押しする

②Appleのロゴが表示されたら指を離してしばらく待つ

iPhoneの電源をオンにしたいときは、電源オフの状態で電源ボタンを長押しする。Appleのロゴが表示されたらボタンから指を離してOKだ。しばらく待てばロック画面が表示される。

2 電源オフは電源ボタンと 音量ボタンを長押し

②右にスライドすると電源がオフになる

メディカルID

SOS　緊急SOS

①電源ボタンと音量ボタンのどちらか片方を長押しする（ホームボタン搭載モデルは電源ボタンのみ長押し）

キャンセル

電源をオフにしたいときは、電源ボタンと音量ボタン（2つのうちどちらか片方）を長押ししよう。上のような画面になるので、「スライドで電源オフ」を右にスワイプすると電源が切れる。

3 スリープ／スリープ解除は 電源ボタンを押す

8:58
12月7日 月曜日

電源ボタンを押すことでスリープ／スリープ解除が可能

電源ボタンを1回押すと、iPhoneのスリープ／スリープ解除が可能だ。iPhoneを使わないときやカバンやポケットにしまうときは、スリープ状態にしておこう。

設定ポイント

電源オフ画面に 表示される 「緊急SOS」とは?

電源オフ画面にある「緊急SOS」のスライダーを右にスライドすると、警察（110）や海上保安庁（118）、火事、救急車、救助（119）などに通報することが可能だ。なお、iPhone 7以前では電源ボタンを素早く5回押すことで、「緊急SOS」スライダーが表示されるようになっている。

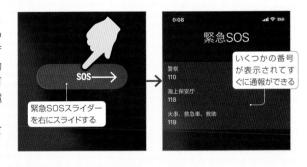

緊急SOSスライダーを右にスライドする

緊急SOS

警察 110
海上保安庁 118
火事、救急車、救助 119

いくつかの番号が表示されてすぐに通報ができる

iPhoneは指先で画面を触って操作する
タッチ操作の種類をマスターする

iPhoneの画面にはタッチセンサーが搭載されており、画面を指で直接触ることで操作ができるようになっている。iPhoneのほとんどの操作はこのタッチ操作で行う。たとえば、ホーム画面でアプリをタッチすればそのアプリが起動するし、ホーム画面に触れたまま横方向になぞるように動かせば別の画面に切り替わるのだ。タッチ操作には、画面を軽く1回タッチする「タップ」や、画面に触れたまま指を動かす「スワイプ」など、いろいろな種類がある。ここでは、iPhone操作の基本となる8つのタッチ操作をまとめておいたので、チェックしておこう。

1 「タップ」は指で画面を軽く1回タッチする

ホーム画面のアプリをタップするとそのアプリが起動する

「タップ」操作は、画面を指先で軽く叩く操作だ。タップしたあとの指はすぐ画面から離すこと。アプリをタップして起動する、項目をタップして選択するなど、最もよく使う操作だ。

2 「ダブルタップ」は画面を2回連続でタップ

写真を閲覧中にダブルタップすると拡大できる

「ダブルタップ」は、タップを2回連続で行う操作だ。画面を2回軽く叩いたら、指はすぐ画面から離すこと。ブラウザや写真アプリでダブルタップすると、拡大表示することができる。

3 「ロングタップ」は画面を押し続ける

ホーム画面のアプリをロングタップすると移動や削除ができる

「ロングタップ」は、画面を1～2秒ほど押し続ける操作だ。たとえば、ホーム画面のアプリをロングタップし続けると、移動や削除などの操作ができるようになる。

4 「スワイプ」は画面に指を触れた状態で動かす

ホームボタンのない機種では、ロック画面の最下部にある線を上にスワイプするとロックを解除できる

「スワイプ」は、画面に指先を触れた状態を維持しつつ、指先を動かす操作だ。画面の切り替えなどに使う。また、ロック画面を解除する際にも利用するので覚えておこう。

5 「ドラッグ」は何かを引きずって動かす

ホーム画面の何もない部分をロングタップすると編集モードになり、アプリをドラッグして移動できるようになる

「ドラッグ」は、スワイプと同じ操作だが、何かを掴んで引きずって動かすような操作のときに使う操作方法だ。ホーム画面のアプリ移動、文字編集時の選択範囲の変更などで使う。

6 「フリック」は画面をサッと弾く

日本語かなキーボードでキーをフリックすると、素早く文字を入力できる

「フリック」は、画面を一方向に動かした後すぐ指を離す操作だ。画面を指で弾くような感じに近い。キーボードのフリック入力や、ページの高速スクロールなどで利用する。

7 「ピンチイン／アウト」は2本の指を狭める／広げる

マップでピンチインすると表示を縮小、ピンチアウトすると拡大できる

「ピンチイン／アウト」は、2本指を画面に触れた状態で、指の間隔を狭める／広げる操作だ。マップや写真アプリなどでは、ピンチインで縮小、ピンチアウトで拡大表示が行える。

8 2本指を使って回転させる操作もある

マップで2本指を触れたまま回転させると回転が可能

マップアプリなどで画面を2本指でタッチし、そのままひねって回転させると、表示を好きな角度に回転させることができる。ノートなどのアプリでも使える場合がある。

他人にiPhoneを使われないようにロックしよう

ロック画面の仕組みと セキュリティの設定手順

iPhoneは、他人に勝手に使われないように、Face ID（顔認証）やTouch ID（指紋認証）、パスコードなどの各種認証方法で画面をロックすることができる。これらの認証は、スリープ状態を解除すると表示される「ロック画面」で行う。各種認証を行いロックを解除することで、ようやく端末が使えるようになる仕組みだ。iPhoneのセキュリティを確保するためにも、各種認証方法の設定をあらかじめ済ませておこう。なお、iPhone 12をはじめとするホームボタン（画面下の丸いボタン）のないiPhoneではFace IDを利用でき、iPhone 8をはじめとするホームボタンのあるiPhoneでは、Touch IDを利用できる。

ロック画面とロック解除の基本操作

1 スリープを解除すると ロック画面が表示される

ロック状態を示す南京錠マーク。Face IDや指紋認証でロックが外れるとロックが外れたマークになる

端末のスリープ状態を解除すると、ロック画面が表示される

iPhoneのスリープ状態を解除すると上のロック画面になる。ここでは、現在の時刻や日付、各種通知などの情報が表示される。iPhoneを利用するには、この画面で各種認証を行ってロックを解除する必要があるのだ。

2 ロックを解除するには 画面最下部の線を上にスワイプする

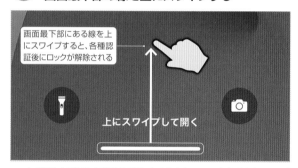

画面最下部にある線を上にスワイプすると、各種認証後にロックが解除される

上にスワイプして開く

ロックを解除するには、画面最下部にある線を上にスワイプしよう（ホームボタンのある機種ではホームボタンを押す）。Face IDやTouch IDによる認証が完了していなければ、以下の認証画面になる。

3 各種認証を行った後 ホーム画面が表示される

Face IDの場合は正面からロック画面を見つめて顔認証する。Touch IDでは、ホームボタンを押して指紋認証する。また、パスコードも併用できる

ホーム画面が表示される

認証画面になるので、Face IDやTouch ID、パスコードなどの各種認証を行ってロックを解除しよう。ロックが解除されるとホーム画面が表示される。

パスコードを設定する

1 設定からパスコードの設定画面を表示

「設定」→「Face ID（Touch ID）とパスコード」をタップ

各種認証を利用するには、まずパスコードの設定が必要になる。まだパスコードを設定していない人は、「設定」→「Face ID（Touch ID）とパスコード」から設定をしておこう。

2 パスコードを設定しておこう

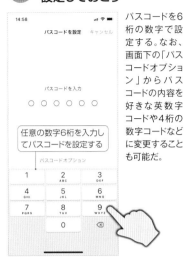

任意の数字6桁を入力してパスコードを設定する

パスコードを6桁の数字で設定する。なお、画面下の「パスコードオプション」からパスコードの内容を好きな英数字コードや4桁の数字コードなどに変更することも可能だ。

3 パスコードでの認証解除方法

ロック画面のロック解除時にパスコード入力が求められるようになる

パスコードが設定できると、ロック画面の解除でパスコード認証が使えるようになる。Face IDやTouch IDの認証に失敗したときにも入力を求められるので、忘れないようにしよう。マスクを着用していてFace IDが使えない場合などは、パスコードを入力してロックを解除する。

Face IDを設定する

1 設定からFace IDを登録しておく

「設定」→「Face IDとパスコード」→「Face IDをセットアップ」をタップ

自分の顔を枠内に入れつつ、顔を動かしてFace IDを登録する

ゆっくりと頭を動かして円を描いてください。

Face ID（顔認証）機能が搭載されている機種であれば、「設定」→「Face IDとパスコード」→「Face IDをセットアップ」をタップ。表示される指示に従って、自分の顔を前面側カメラで写してFace IDを登録しておこう。

2 Face IDでの認証解除方法

ロック画面を見つめると、Face IDで認証が行われる。南京錠マークが解除された形になれば、ロック解除完了だ

Face IDを登録した場合は、ロック画面を見つめるだけで顔認証が行われ、ロックが解除される。ロックが解除された状態で、画面最下部の線を上にスワイプすればホーム画面が表示される。なお、顔とiPhoneの距離が近すぎると顔認証がされにくいので、30cmぐらい離しておくといい。

Touch IDを設定する

1 設定からTouch IDを登録しておく

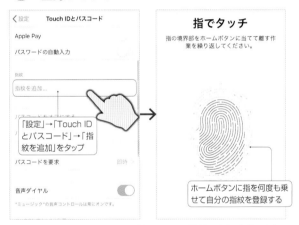

「設定」→「Touch IDとパスコード」→「指紋を追加」をタップ

指でタッチ

指の境界部をホームボタンに当てて離す作業を繰り返してください。

ホームボタンに指を何度も乗せて自分の指紋を登録する

Touch ID（指紋認証）機能が搭載されている機種であれば、「設定」→「Touch IDとパスコード」→「指紋を追加」をタップ。表示される指示に従って、自分の指をホームボタンに何度も乗せて指紋を登録しておこう。

2 Touch IDでの認証解除方法

指紋を登録した指でホームボタンを触ると、Touch IDで認証が行われる。画面に「ロック解除」と表示されればOKだ

Touch IDを登録した場合は、ロック画面が表示されている状態でホームボタンを指で触ればいい。指紋認証が行われ、ロックが解除される。さらにホームボタンを押せばホーム画面が表示される。なお、指紋は最大5つまで登録することができる。Touch ID設定画面で、ホームボタンをよく押す指をすべて登録しておこう。

操作の出発点となる基本画面を理解しよう

ホーム画面の仕組みを覚えよう

「ホーム画面」は、iPhoneの操作の出発点となる基本画面だ。ホーム画面には、現在インストールされているアプリのアイコンが配置される。ホーム画面を左にスワイプすれば、別のページが表示され、さらにアプリを配置することが可能だ。ホーム画面の一番下にある「ドック」は、ページを切り替えても固定表示されるので、最もよく使うアプリを配置して使うといい。なお、このホーム画面にはアプリ起動中でもすぐに戻ることができる。ホーム画面に戻る場合は、ホームボタンのない機種なら画面最下部（状況によっては線が表示される）を上にスワイプ、ホームボタンのある機種ならホームボタンを押そう。

ホーム画面の基本的な操作を覚えておこう

右にスワイプするとウィジェット画面を表示

一番左のホーム画面をさらに右にスワイプすると、ウィジェット画面が表示される

一番左のホーム画面をさらに右にスワイプすると、ウィジェット画面（No022で解説）が表示される。なお、ウィジェットはホーム画面に配置しておくこともできる（No023で解説）。

アイコン／フォルダ
各種アプリがアイコンとして並ぶ。複数のアイコンをフォルダにまとめることも可能

ドック
よく使うアプリを4つ登録できる場所。ホーム画面のどのページでも固定表示される

左にスワイプすると別のページを表示

左にスワイプすると別のページに切り替えが可能

ホーム画面の一番右は、すべてのアプリを管理する「Appライブラリ」画面になる（No021で解説）

ホーム画面には、現在インストールされているアプリがアイコンとして並ぶ。左にスワイプすると、ほかのページに切り替えることが可能だ。なお、画面最下部のドックに配置されたアプリは、全ページで固定表示される仕組みになっている。

下にスワイプすると検索画面を表示

ホーム画面を下にスワイプすると、検索画面が表示される。ここから、iPhone内のアプリや連絡先、各種データを検索することが可能だ。（No037で解説）

操作のヒント

ホーム画面にはいつでも戻ることができる

ホーム画面には、アプリ起動中でもすぐ戻ることができる。ホームボタンがない機種の場合は、画面最下部の線を上にスワイプすればいい。ホームボタンがある機種は、ホームボタンを押せばホーム画面に戻ることができる。これらの操作はiPhoneを使う上でよく使うので、必ず覚えておこう。

iPhone 12などのホームボタンがない機種では、画面最下部にある線を上にスワイプすると、ホーム画面に戻ることができる

ホームボタンのある機種は、ホームボタンを押すことでホーム画面に戻ることができる

本体操作

画面最上部に並ぶアイコンには意味がある
ステータスバーの見方を覚えよう

iPhoneの画面最上部には、時刻やバッテリー残量、電波強度のバーなどが表示されている。このエリアを「ステータスバー」と言う。iPhone 8などのホームボタンのある機種なら、画面の向きロックやアラームなど、iPhoneの状態や設定中の機能を示すステータスアイコンも表示される。iPhone 11などのホームボタンのない機種は、中央にノッチ（切り欠き）があるため、これらのアイコンは表示されない。画面右上から下にスワイプしてコントロールセンターを開けば、すべてのステータスアイコンを確認できる。

時刻や電波強度のバーが表示されるエリアをステータスバーと呼ぶ。ホームボタンのない機種は、中央に切り欠きがあるため他のステータスアイコンが表示されない

画面右上から下にスワイプしてコントロールセンターを開くと、全てのステータスアイコンを確認できる。主なステータスアイコンは右の通り

操作のヒント

ステータスバーの主なアイコン

✈ 機内モードがオン

🛜 Wi-Fi接続中

🔒 画面の向きをロック中

➤ 位置情報サービス利用中

⏰ アラーム設定中

🌙 おやすみモード設定中

本体設定

パスワードを入力して接続しよう
Wi-Fiに接続する

初期設定の際にWi-Fiに接続しておらず、あとから設定する場合や、友人宅などでWi-Fiに接続する際は、まずルータのネットワーク名（SSID）と接続パスワード（暗号化キー）を確認しておこう。続けて、iPhoneの「設定」→「Wi-Fi」をタップし、「Wi-Fi」のスイッチをオン。周辺のWi-Fiネットワークが表示されるので、確認しておいたネットワーク名をタップし、パスワードを入力すれば接続できる。一度接続したWi-Fiネットワークには、今後は接続できる距離にいれば自動的に接続するようになる。

1 ネットワーク名とパスワードを確認

自宅のルータなどの側面を見ると、このルータに接続するためのネットワーク名とパスワードが記載されている。まずはこの情報を確認しておこう。

2 設定の「Wi-Fi」で接続する

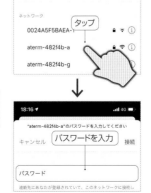
iPhoneの「設定」→「Wi-Fi」をタップし、接続するネットワーク名をタップ。続けてパスワードを入力し「接続」をタップすれば、Wi-Fiに接続できる。

3 Wi-Fiに接続されているか確認

モバイルデータ通信中のアイコン

Wi-Fi接続中のアイコン

YouTubeなどの動画を再生する際は、通信量を大量に消費してしまうので、Wi-Fi接続されているか確認するくせを付けよう。

各種機能のオン／オフを素早く行う

コントロールセンターの使い方を覚えよう

iPhone 12などのホームボタンのない機種は、画面の右上から下へスワイプ。iPhone 8などのホームボタンのある機種は、画面の下から上にスワイプすると、別の画面が引き出されて、いくつかのボタンが表示されるるはずだ。これは、よく使う機能や設定に素早くアクセスするための画面で、「コント

ロールセンター」と言う。いちいち「設定」画面を開かなくても、Wi-FiやBluetoothの接続と切断、機内モードや画面縦向きロックのオンとオフなど、さまざまな設定を簡単に変更できるので覚えておこう。ロングタップすることで、さらに別のボタンや詳細設定が表示されるものもある。

コントロールセンターの開き方と機能

ホームボタンのないの機種

画面右上から
下へスワイプ

ホームボタンのある機種

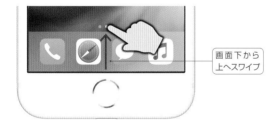

画面下から
上へスワイプ

コントロールセンターの機能

1 左上から時計回りに機内モード、モバイルデータ通信、Bluetooth、Wi-Fi。BluetoothとWi-Fiはオン／オフではなく、現在の接続先との接続／切断を行える。このエリアをロングタップすると、AirDropとインターネット共有の2つのボタンが追加表示される。

2 ミュージックアプリの再生、停止、曲送り／戻しの操作を行える。

3 左が画面縦向きのロック、右がおやすみモード。

4 画面ミラーリング。Apple TVに接続し、画面をテレビなどに出力できる機能。

5 左が画面の明るさ調整、右が音量調整。

6 左からフラッシュライト、タイマー、計算機、カメラ。「設定」→「コントロールセンター」で他の機能も追加できる。

本体操作

そもそも「アプリ」とは何なのか？

アプリを使う上で知っておくべき基礎知識

iPhoneのさまざまな機能は、多くの「アプリ」によって提供されている。この「アプリ」とは、iPhoneで動作するアプリケーションのことだ。たとえば、電話の通話機能は「電話」アプリ、カメラでの撮影機能は「カメラ」アプリ、地図表示や乗り換え案内の機能は「マップ」アプリによって提供されている。また、標準搭載されているアプリ以外に、自分の好きなアプリを自由に追加（インストール）したり削除（アンインストール）できる。iPhone用のアプリは、「App Store」アプリから入手することが可能だ。iPhoneの操作に慣れたら、App Storeで便利なアプリを探し出してインストールしてみよう（No018、019で解説）。

iPhoneのおもな機能はアプリで提供される

1 最初から標準アプリが用意されている

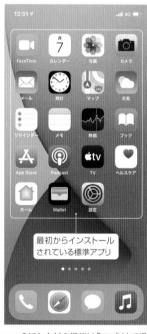

iPhoneのほとんどの機能は「アプリ」で提供される。初期状態では、電話やカレンダー、マップなどの標準アプリがいくつかインストールされており、すぐに利用することが可能だ。

2 使いたい機能に応じてアプリを使い分けよう

電話アプリを起動して電話の機能を利用する

iPhoneの機能はアプリごとに細分化されているので、用途や目的ごとに起動するアプリを切り替えるのが基本だ。たとえば、電話機能を使いたいなら、「電話」アプリを起動すればいい。

3 アプリはApp Storeでダウンロードできる

App Storeアプリを起動して、さまざまなアプリをiPhoneへインストールする

公式のアプリストア「App Store」から、いろいろなアプリをダウンロードできる。好きなアプリを入手してみよう。なお、このストア機能自体もアプリで提供されているのだ。

設定ポイント

ダウンロードしたアプリはホーム画面に自動で加される

App Storeからアプリをダウンロードすると、ホーム画面の空いているスペースにアイコンが追加される。ダウンロードが完了すれば、すぐに使うことが可能だ。なお、ホーム画面に空きスペースがない場合、新しいページが自動で追加されていく（ページは最大15ページまで追加が可能）。

App Storeからアプリをダウンロード中

ダウンロードが完了するとアプリを使えるようになる

アプリを使うときに必須の基本操作
アプリを起動／終了する

 本体操作

iPhoneにインストールされているアプリを起動するには、ホーム画面に並んでいるアプリアイコンをタップすればいい。即座にアプリが起動し、アプリの画面が表示される。アプリを終了するには、ホーム画面に戻ればいい。ただし、ミュージックやマップなどの一部アプリは、ホーム画面に戻ってもバックグラウンドで動き続けることがある。なお、iPhoneでは、一度にひとつのアプリ画面しか表示できない。そのため、別のアプリを使いたい場合は、一旦ホーム画面に戻ってから別のアプリを別途起動する必要がある。

1 ホーム画面からアプリを起動する

アイコンをタップするとアプリが起動する

アプリを起動したいときは、ホーム画面にあるアプリアイコンをタップしよう。これでアプリが起動する。

2 アプリの画面が表示される

00:07.36

アプリの画面が表示される

アプリが全画面で起動する。なお、以前に起動したアプリの場合は、前回終了した画面から利用が可能だ。

3 アプリを終了するには?

ホーム画面に戻れば、アプリの画面が閉じる

アプリを終了するには、ホーム画面に戻ればいい。ホーム画面の戻り方はNo004で解説している。

クイックアクションで操作しよう
アプリをロングタップしてメニューを表示

 本体操作

ホーム画面に並んでいるアプリをロングタップ（長押し）すると、アプリごとにさまざまなメニューが表示される。これを「クイックアクションメニュー」と言う。アプリの主な機能を素早く実行するための機能だ。ほかにも、リンクなどをロングタップしてもメニューが表示されることがあるので覚えておこう。なお「3D Touch」機能を搭載する一部の機種は、ロングタップするのではなく、画面を強く押し込むことで同じメニューを表示できる。

アプリをロングタップする

メニューから操作を選択する

検索	🔍
コードを使う	🔳
アップデート	⬆️
購入済み	🔄
ホーム画面を編集	📱
Appを削除	⊖

アプリをロングタップすると、メニューから選ぶだけでさまざまな操作を素早く実行できる。

画面最下部をスワイプしてみよう
直前に使ったアプリを素早く表示する

 本体操作

iPhone 12などのホームボタンのない機種で、直前に使っていたアプリを再び使いたくなったときは、画面の最下部を右にスワイプしてみよう。すぐに直前に使っていたアプリの画面に切り替わる。さらに画面最下部を右にスワイプすると、その前に使っていたアプリが表示され、左にスワイプすれば、元の画面に戻すことが可能だ。この方法を使えば、過去に使ったアプリを次々に切り替えることができる。便利な操作なのでぜひ覚えておこう。

画面の最下部を右にスワイプする

直前に使っていたアプリの画面になる

画面の最下部を右にスワイプすると、直前に使っていたアプリの画面に素早く切り替えることができる。

Appスイッチャーで過去に使用したアプリを表示
最近使用したアプリの履歴を表示する

画面最下部から画面中央まで上にスワイプすると「Appスイッチャー」画面を表示可能だ（ホームボタン搭載iPhoneではホームボタンを2回連続で押す）。この画面では、過去に起動したアプリの履歴が各アプリの画面と共に一覧表示される。アプリの画面一覧を左右にスワイプして、再度使用したいものをタップして起動しよう。これにより、ホーム画面にいちいち戻ってアプリを探さなくても、素早く別のアプリに切り替えることが可能だ。なお、アプリ履歴のアプリ画面を上にスワイプすると、履歴から消去できる。

1 Appスイッチャー画面を表示する

画面最下部から画面中央まで上にスワイプする。ホームボタンのある機種ではホームボタンを2回連続で押せばいい

画面最下部から画面中央まで上に向かってスワイプしよう。Appスイッチャー画面が出たら指を離す。

2 アプリ画面が表示される

左右スワイプでアプリの画面を切り替える。アプリ画面をタップすれば、そのアプリが起動する

過去に起動したアプリの画面が表示される。アプリ画面をタップすれば、そのアプリを起動可能だ。

3 アプリを履歴から削除する

アプリ画面を上にスワイプして削除。このとき、アプリのバックグラウンド動作も終了する

アプリ画面を上にスワイプすると、履歴から削除が可能。また、この方法でアプリを完全に終了できる。

使いやすいようにアプリを並べ替えよう
アプリの配置を変更する

ホーム画面に並んでいるアプリは、自由な場所に移動させることができる。まず、ホーム画面の空いたスペースをロングタップしてみよう。するとアプリが震えだし、ホーム画面の編集モードになる。この状態でアプリをドラッグすると、自由な位置に動かすことが可能だ。また、アプリを画面の左右端まで持っていくと、前のページや次のページに移動させることもできる。編集モードを終了するには、ホームボタンのない機種は画面を下から上にスワイプする。ホームボタンのある機種はホームボタンを押せばよい。

1 ホーム画面を編集モードにする

なにもない部分をロングタップ

ホーム画面のなにもないスペースをロングタップすると、ホーム画面の編集モードになる。

2 ロングタップしてアプリを移動

アプリが震えだしたら、ドラッグして好きな場所に配置

アプリをドラッグして好きな場所に移動しよう。画面端までドラッグするとページを移動できる。

3 編集モードを終了するには

ホームボタンのない機種は画面を下から上にスワイプする。ホームボタンのある機種はホームボタンを押す。右上の「完了」をタップしてもよい

アプリの移動を終えたら、画面を下から上にスワイプするか、ホームボタンを押して編集モードを終了する。

014

アプリを他のアプリに重ねるだけ
複数のアプリを
フォルダにまとめる

アプリが増えてきたら、フォルダで整理しておくのがおすすめだ。「ゲーム」や「SNS」といったフォルダを作成してアプリを振り分けておけば、何のアプリが入っているかひと目で分かるし、目的のアプリを見つけるまでのページ切り替えも少なくて済む。フォルダを作成する方法は簡単で、No013の手順でホーム画面を編集モードにしたら、アプリをドラッグして他のアプリに重ね合わせるだけ。フォルダから取り出すときは、ホーム画面を編集モードにしてフォルダを開き、アプリをフォルダの外にドラッグすればよい。

1 アプリを他の アプリに重ねる

他のアプリにドラッグ

No013の手順でホーム画面を編集モードにしたら、アプリをドラッグして他のアプリに重ねる。

2 フォルダに 名前を付ける

SNS
フォルダ名を入力

フォルダが作成され、重ねた2つのアプリが配置される。上部の入力欄でフォルダ名を入力しておこう。

3 フォルダから 取り出す時は

フォルダの外にドラッグ

フォルダ内のアプリをホーム画面に戻すには、アプリを震える状態にしてフォルダ外にドラッグ。

015

いつものアプリを素早く使えるように
ドックに一番
よく使うアプリを
配置しよう

ホーム画面の一番下には独立したエリアが用意されており、「電話」「Safari」「メッセージ」「ミュージック」といった4つのアプリが配置されている。このエリアを「ドック」と言い、どのページに切り替えても常に表示されるので、アプリを探す必要もなく素早く起動できるようになっている。No013の手順でホーム画面を編集モードにすれば、ドック欄のアプリを自分がよく使うアプリに入れ替え可能だ。フォルダを配置することもできる。

ドラッグしてドックのアプリを外す

よく使うアプリやフォルダをドックに配置

ドック内の不要なアプリを外し、空きスペースに自分がよく使うアプリやフォルダを入れておこう。

016

レイアウトをリセット
アプリの
配置を最初の
状態に戻す

本体設定

iPhoneを使い続けていると、あまり使っていないアプリや、中身がよく分からないフォルダが増えて、ホーム画面が煩雑になってくる。そこで、一旦ホーム画面のレイアウトをリセットする方法を知っておこう。「設定」→「一般」→「リセット」→「ホーム画面のレイアウトをリセット」をタップすればよい。ホーム画面は初期状態に戻り、フォルダ内のアプリもすべてフォルダから出されて、2ページ目以降から名前順に配置される。

タップ

「設定」→「一般」→「リセット」→「ホーム画面のレイアウトをリセット」をタップする。

017

アプリの入手やiCloudの利用に必ず必要

Apple IDを
取得する

⚙️ 本体設定

「Apple ID」とは、iPhoneのさまざまな機能やサービスを利用する上で、必須となる重要なアカウントだ。App Storeでアプリをインストールしたり、iTunes Storeでコンテンツを購入したり、iCloudでiPhoneのバックアップを作成するには、すべてApple IDが必要となる。まだ持っていないなら、必ず作成しておこう。なお、Apple IDはユーザー1人につき1つあればいいので、以前iPhoneを使っていたり、iPadなど他のAppleデバイスをすでに持っているなら、その端末のApple IDを使えばよい。以前購入したアプリや曲は、同じApple IDでサインインしたiPhoneでも無料で利用できる。

Apple IDを新規作成する手順

1 設定アプリの 一番上をタップ

「設定」アプリを起動して、一番上に「iPhoneにサインイン」と表示されるなら、まだApple IDでサインインを済ませていない。これをタップしよう。

2 Apple IDの新規 作成画面を開く

すでにApple IDを持っているなら、IDを入力してサインイン。まだApple IDを持っていないなら、「Apple IDをお持ちでないか忘れた場合」→「Apple IDを作成」をタップ。

3 メールアドレスを 入力する

名前と生年月日を入力したら、普段使っているメールアドレスを入力しよう。このアドレスがApple IDになる。新しくメールアドレスを作成して、Apple IDにすることもできる。

4 パスワードを 入力する

続けて、Apple IDのパスワードを設定する。パスワードは、数字／英文字の大文字と小文字を含んだ8文字以上で設定する必要がある。

5 認証用の電話番号 を登録する

「電話番号」画面で、iPhoneの本人確認に使用するための電話番号を登録する。電話番号を確認し、「続ける」をタップしよう。あとは利用規約の同意を済ませれば、Apple IDが作成される。

6 メールアドレスを 確認して設定完了

「設定」画面上部の「メールアドレスを確認」をタップし、「メールアドレスを確認」をタップ。Apple IDに設定したアドレスに届く確認コードを入力すれば、Apple IDが使える状態になる。

アプリ

さまざまな機能を備えたアプリを手に入れよう

App Storeからアプリを インストールする

iPhoneでは、標準でインストールされているアプリを使う以外にも、「App Store」アプリから、他社製のアプリをインストールして利用できる。App Storeには膨大な数のアプリが公開されており、漠然と探してもなかなか目的のアプリは見つからないので、「Today」「ゲーム」「App」メニューやキーワード検索を使い分けて、欲しい機能を備えたアプリを見つけ出そう。なお、App Storeの利用にはApple ID（No017で解説）が必要なので、App Storeアプリの画面右上にあるユーザーボタンをタップしてサインインしておこう。また、有料アプリの購入には支払い方法の登録が必要（No019で解説）。

無料アプリをインストールする方法

1 App Storeで アプリを探す

「App Store」アプリを起動し、下部の「Today」「ゲーム」「App」「検索」画面からアプリを探そう。「Arcade」で配信されているゲームは、月額600円で遊び放題になる。

2 アプリの「入手」 ボタンをタップ

欲しいアプリが見つかったら、詳細画面を開いて、内容や評価を確認しよう。無料アプリの場合は「入手」ボタンが表示されるので、これをタップすればインストールできる。

3 認証を済ませて インストール

画面の指示に従って認証を済ませると、インストールが開始される。インストールが完了すると、ホーム画面にアプリのアイコンが追加されているはずだ。

 設定ポイント

アプリの入手を 顔や指紋で 認証する

App Storeからアプリを入手するにはApple IDのパスワード入力が必要だが、Face IDやTouch IDを使って認証する設定にしておけば、顔や指紋認証で簡単にインストールできるようになる。iPhoneの「設定」→「Face（Touch）IDとパスコード」で「iTunes StoreとApp Store」のスイッチをオンにしておこう。

支払い情報の登録が必要

App Storeから有料アプリをインストールする

App Storeで有料アプリを購入するには、アプリの詳細画面を開いて、価格表示ボタンをタップすればよい。支払い情報を登録していない場合は、インストール時に表示される画面の指示に従い、登録を済ませよう。支払方法としては「クレジットカード」のほかに、通信会社への支払いに合算する「キャリア決済」や、コンビニなどで購入できるプリペイドカード「App Store & iTunes ギフトカード」が利用可能だ（No036で解説）。一度購入したアプリはApple IDに履歴が残るので、iPhoneからアプリを削除しても無料で再インストールできるほか、同じApple IDを使うiPadなどにもインストールできる。

有料アプリを購入してインストールする方法

1 アプリの価格ボタンをタップ

有料アプリの場合は、インストールボタンが「入手」ではなく価格表示になっている。これをタップして、無料アプリの時と同様にインストールを進めればよい。

2 認証を済ませて購入する

No018の「設定ポイント」で解説している通り、App Storeの認証にFace IDやTouch IDを使う設定にしておけば、顔や指紋で認証してアプリの購入処理を行える

購入手順は無料アプリと同じだが、あらかじめクレジットカードなどで支払い情報を登録しておく必要がある。画面の指示に従って認証を済ませると、購入が完了しインストールが開始される。

3 支払い情報が未登録の場合

チェックしてクレジットカード情報を登録。クレジットカード以外の支払い方法については、No036で解説する

支払い情報がないとこの画面が表示されるので、「続ける」をタップ。「クレジット／デビットカード」にチェックして、カード情報を登録すれば、有料アプリを購入できるようになる。

 こんなときは？

有料アプリの評価を判断するコツ

有料で購入するからには使えるアプリを選びたいもの。アプリの詳細画面で、評価とレビューを確認してから選ぼう。最近は、サクラレビューや同業他社による低評価が蔓延しており、あまり当てにならないことが多いが、アプリの内容や使い勝手にしっかり触れたレビューは参考になる。

評価数が多く、かつ星の数が高いものを選ぶ

不自然な日本語や感想だけの高評価レビューでなく、アプリ内容に触れたレビューを参考に

ホーム画面の不要なアプリを削除する

ホーム画面のアプリを削除、アンインストールする

ホーム画面に並んでいるアプリは、一部を除いて削除することが可能だ。まず、ホーム画面の空いたスペースをロングタップしてみよう。するとアプリが震えだし、ホーム画面の編集モードになる。この時、各アプリの左上に「ー」マークが表示されるので、これをタップ。続けて表示されたメニューから「Appを削除」をタップすれば、そのアプリはホーム画面から削除され、iPhone本体からアンインストールされる。その際、アプリ内のデータも消えてしまうので、大事なデータは別に保存しておくこと。

1 ホーム画面を編集モードにする

ホーム画面のなにもないスペースをロングタップすると、ホーム画面の編集モードになる。

2 「ー」マークをタップする

アプリが震えた状態になったら、削除したいアプリの左上にある「ー」マークをタップする。

3 「Appを削除」をタップして削除

「Appを削除」をタップすると、このアプリはアンインストールされ、アプリ内のデータも消える。

ホーム画面の整理に活用しよう

すべてのアプリが格納されるAppライブラリ

アプリが多すぎてホーム画面のどこに何があるのか分からなくなったら、普段使わないアプリはホーム画面から非表示にしておくのがおすすめだ。非表示にしても、ホーム画面の一番右のページを開くと表示される「Appライブラリ」画面で、すべてのインストール済みアプリを確認できる。アプリはカテゴリ別に自動で分類されているほか、キーワード検索もできるので、アプリが必要になったらこの画面から探して起動すればよい。ホーム画面には、普段よく使うアプリだけを残してすっきり整理できる。

1 ホーム画面のアプリを非表示にする

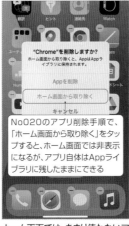

ホーム画面では、あまり使わないアプリは非表示にして、よく使うアプリだけを残しておこう。

2 Appライブラリを表示する

ホーム画面を左にスワイプしていくと、一番右に「Appライブラリ」が表示される。ここでiPhone内の全アプリを確認可能。

3 アプリをホーム画面に表示させる

Appライブラリのアプリをホーム画面に表示させるには、アプリをロングタップして「ホーム画面に追加」をタップすればよい。

本体操作

天気やニュースを素早く確認できる
ウィジェット画面の使い方

ホーム画面の最初のページやロック画面を右にスワイプすると、「NEWS」や「天気」といったアプリの情報が簡易的に表示される「ウィジェット」画面が開く。アプリを起動しなくても、ホーム画面から各アプリの最新情報を素早くチェックするための画面だ。App Storeからインストールしたアプリも、ウィジェット機能に対応していれば、ウィジェット画面に表示させることができ、並び順やサイズも変更できる。よく使うアプリはウィジェット画面に追加しておいて、自分で見やすいようにカスタマイズしておこう。

1 ウィジェット画面を開く

右にスワイプして開く。ロック画面から開くこともできる

ホーム画面の最初のページやロック画面を右にスワイプすると、ウィジェット画面が表示される。

2 ウィジェット画面を編集する

なにもない部分をロングタップ

ウィジェットをドラッグして並べ替えたり、「−」をタップして削除できる。新しいウィジェットを追加するには左上の「＋」をタップ

なにもない部分をロングタップすると編集モード。新しいウィジェットは左上の「＋」で追加できる。

3 新しいウィジェットを追加する

追加したいウィジェットをタップ

追加したいウィジェットをタップし、サイズを選択すると、ウィジェット画面に配置される。

本体操作

ウィジェット画面を開かずホーム画面で確認
ウィジェットをホーム画面にも配置する

No022で解説した「ウィジェット」は、ウィジェット画面だけでなくホーム画面上に配置することもできる。ウィジェット画面を開くことなく、常にホーム画面で表示されるようになるので、カレンダーや天気などのウィジェットを配置しておくと便利だ。ホーム画面のなにもないスペースをロングタップして編集モードにし、左上の「＋」をタップすると、ウィジェットの選択画面になる。なお「スマートスタック」を配置すると、同じサイズのウィジェットを複数重ねて、上下スワイプで表示を切り替えできる。

1 ウィジェットを追加する

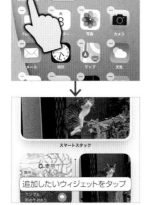

タップ

追加したいウィジェットをタップ

ホーム画面のなにもないスペースをロングタップし、左上の「＋」をタップ。続けて追加したいウィジェットをタップする。

2 ウィジェットサイズを選択

雨雲レーダー

サイズだけでなく機能を選択できる場合もある

ウィジェットによってはサイズが複数あるので、左右スワイプで選んで「ウィジェットを追加」をタップ。

3 ホーム画面に配置する

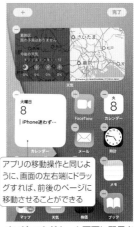

アプリの移動操作と同じように、画面の左右端にドラッグすれば、前後のページに移動させることができる

ウィジェットがホーム画面に配置されるので、ドラッグして位置を調整しよう。

アプリごとの通知設定をチェックしよう

通知の基本とおすすめの設定法

iPhoneでは、メールアプリで新着メールが届いたときや、カレンダーで登録した予定が迫った時などに、「通知」で知らせてくれる機能がある。通知とは、アプリごとの最新情報をユーザーに伝えるための仕組みで、画面上部のバナー表示やロック画面に表示されるほか、通知音を鳴らせて知らせたり、ホーム画面のアプリに数字を表示して未読メッセージ数などを表すこともある。通知の動作はアプリごとに設定できる。通知を見落とせない重要なアプリはバナーやロック画面の表示を有効にしたり、逆に頻繁な通知がわずらわしいアプリはサウンドをオフにするなど、アプリの重要度によって柔軟に設定を変更しておこう。

iPhoneでの通知はおもに3種類ある

1 バナーやロック画面で通知を表示する

通知をタップするとアプリが起動して内容を確認できる

iPhoneの使用中にメッセージなどが届くと、画面上部にバナーで通知が表示され、タップするとアプリが起動して内容を確認できる。スリープ中に届いた場合はロック画面に通知が表示される。

2 サウンドを鳴らして知らせる

メールやメッセージなど一部のアプリは、通知音の種類を変更できる

通知をサウンドでも知らせてくれる。メールやメッセージなど一部のアプリは通知音の種類を変更することも可能だ。サイレントモードにすると、着信音も消音される（No032で解説）。

3 アプリにバッジを表示する

通知がある事を示すバッジ。数字は未読メッセージ数

新しい通知のあるアプリは、アイコンの右上に赤丸マークが表示される。これを「バッジ」と言う。バッジ内に書かれた数字は、未読メッセージなどの数を表している。

操作のヒント

通知を見逃しても通知センターで確認できる

過去の通知を見逃していないか確認したい時は、ホーム画面の左上を下にスワイプして「通知センター」を開いてみよう。通知の履歴が一覧表示される。なお、通知の「×」ボタンをタップしたり、アプリを起動するなどして通知内容を確認した時点で、通知センターの通知は消える。

画面左上を下にスワイプして通知センターを開く

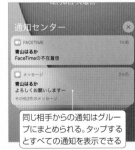

同じ相手からの通知はグループにまとめられる。タップするとすべての通知を表示できる

アプリごとに通知の設定を変更する

1 アプリの通知設定を開く

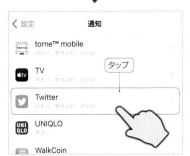

通知の設定を変更するには「設定」→「通知」をタップしよう。「通知スタイル」にアプリが一覧表示されているので、設定を変更したいアプリを探してタップする。

2 通知の表示スタイルを設定

「ロック画面」「通知センター」「バナー」にチェックしておくと、それぞれの画面でこのアプリの通知を表示する。「バナースタイル」は、バナーの表示を自動で閉じるかどうか選択できる。

3 サウンドとバッジを設定する

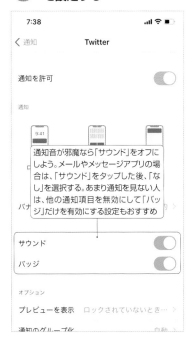

「サウンド」をオンにしておくと、通知が届いたときに通知音が鳴る。「バッジ」をオンにしておくと、通知が届いたときにホーム画面のアプリにバッジが表示されるようになる。

4 通知画面に内容を表示させない

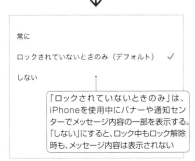

メッセージやメールの通知は、内容の一部が通知画面に表示される。これを表示したくないなら、通知設定の下の方にある「プレビューを表示」をタップし、「しない」にチェックしておこう。

5 アプリ独自の通知設定を開く

TwitterやLINEなど一部のアプリは、通知設定の一番下に「○○の通知設定」というリンクが用意されている。これをタップすると、アプリ独自の通知設定画面が開き、より細かく通知設定を変更できる。

6 アプリの通知をオフにする

通知を確認しなくても困らないアプリや、頻繁に通知が届いて煩わしいアプリは、通知機能自体を無効にしておこう。一番上の「通知を許可」のスイッチをオフにすると、このアプリからの通知は届かなくなる。

各アプリから発生するサウンドの音量を変更する

025

音量ボタンで音楽や動画の音量を調整する

端末の左側面にある音量ボタンでは、音楽や動画、ゲームなど各種アプリから発生するサウンドの音量（着信音や通知音以外の音量）を調整できる。音量ボタンを押すと画面左端にメーターが表示され、現在どのぐらいの音量になっているかを確認可能だ。アプリによっては、アプリ内に音量調整用のスライダーが用意されていることがあるので、そちらでも調整ができる。なお、電話やLINEなど通話機能のあるアプリでは、通話中に音量ボタンを押すことで通話音量を調整することが可能だ。好みの音量にしておこう。

1 音量ボタンで音量を調整する

音量ボタンを操作すると、音量を調整できる

本体左側面にある音量ボタンを押すと、音楽や動画などの再生音量を変えることができる。

2 アプリ内でも調整が可能

マリーゴールド
あいみょん

ミュージックアプリなどでは、スライダーを操作して音量を調整できる

ミュージックなどの一部アプリでは、スライダーを操作することで音量を調整することが可能だ。

3 通話中の音量を調整したい場合

青山はるか
00:09

通話が可能なアプリで通話中に音量ボタンを押すと、通話音量（相手の声の音量）を調整できる

電話アプリなどで通話中に音量ボタンを押すと、通話音量を変更することが可能だ。

電話やメール、各種通知音の音量を変更する

026

着信音や通知音の音量を調整する

 本体操作

電話の着信音やメールの通知音などは、好きな音量に変更することが可能だ。ただし、標準状態のままでは音量ボタンを押して調整することはできない。着信音と通知音の音量を調整したい場合は、「設定」→「サウンドと触覚」を開き、着信音と通知音のスライダーを左右に動かして、好きな音量に設定しておこう。また、スライダーの下にある「ボタンで変更」をオンにしておけば、音量ボタンでの調整も可能になる。これなら即座に着信音と通知音の音量を変えられるので、普段からオンにしておくのがオススメだ。

1 着信音と通知音の音量を調整する

バイブレーション
着信スイッチ選択時
サイレントスイッチ選択時
ヘッドフォンオーディオ
ヘッドフォンの安全性
着信音と通知音

ボタンで変更

スライダーを操作して着信音と通知音の音量を調整する

着信音と通知音の音量は、「設定」→「サウンドと触覚」にあるスライダーで調整することができる。

2 音量ボタンで調整したい場合

何も音が鳴っていない状態で音量ボタンを操作すると、着信音と通知音の音量を調整できる。なお、音楽や動画再生中は、そちらの音量調整が優先される

前の画面で「ボタンで変更」をオンにすると、音量ボタンで着信音と通知音の音量が調整可能になる。

操作のヒント

着信音や通知音はサイレントモードで一時的に消せる

iPhoneの左側面上にあるサイレントスイッチをオン（オレンジ色が見える位置）にすると、サイレントモードになり、着信音や通知音のサウンドをオフにできる。ただし、消音モードでは、音楽や動画、ゲームなどの音は再生され続ける。またアラーム音も消音にならないので注意しよう。

文字入力の基本を押さえておこう

使いやすいキーボードを選択する

本体操作

iPhoneでは、文字入力が可能な画面内をタップすると、自動的に画面下部にソフトウェアキーボードが表示される。地球儀キーや絵文字キーをタップすることで、「日本語-かな」「日本語-ローマ字」「英語（日本）」「絵文字」キーボードの切り替えが可能だ。フリック入力に慣れている人は「日本語-かな」、パソコンの文字入力に慣れている人は「日本語-ローマ字」と「英語（日本）」の組み合わせなど、自分で使いやすいキーボードで入力しよう。自分が使いたいキーボードに切り替わらないなら、下の囲みの通り、設定からキーボードを追加する。不要なキーボードは削除しておくこともできる。

キーボードの種類を切り替えるには

「絵文字」キーボードに切り替え

絵文字キーをタップすると、絵文字キーボードに切り替わる。元のキーボードに戻るには、「あいう」または「ABC」キーをタップする。

文字入力が可能な画面内をタップすると、下部にソフトウェアキーボードが表示され、キーをタップして文字を入力できる

絵文字以外のキーボードに順番に切り替え

地球儀キーをタップすると、「日本語-かな」「日本語-ローマ字」「英語（日本）」キーボードが順番に切り替わる。

ロングタップで素早く切り替える

地球儀キーをロングタップ

地球儀キーをタップすると順番に切り替わるため、目的のキーボードに切り替えるまで数回のタップが必要になる。そこで、地球儀キーをロングタップしてみよう。利用できるキーボードが一覧表示されるので、使いたいキーボードをタップすれば、そのキーボードに直接切り替えできる。

こんなときは？

キーボードを追加する、削除する

目的のキーボードに切り替わらないなら、iPhoneにそのキーボードが追加されていない。「設定」→「一般」→「キーボード」→「キーボード」の「新しいキーボードを追加」で追加しよう。絵文字など普段使わないキーボードは、「編集」で削除したほうが、切り替え回数も減って快適だ。

不要なキーボードを削除したり、表示順を変更する

新しいキーボードを追加する

削除したキーボードは、「新しいキーボードを追加」でいつでも追加し直せる

2つの方法で文字を入力できる
日本語-かなキーボード での文字入力方法

本体操作

「日本語-かな」は、携帯電話のダイヤルキーとほぼ同じ配列で、12個の文字キーが並んだキーボードだ。iPhoneの標準と言えるキーボードなので、基本操作を覚えておこう。日本語-かなキーボードでは、「トグル入力」と「フリック入力」の2つの方法で文字を入力できる。「トグル入力」は、文字キーをタップするごとに入力文字が「あ→い→う→え→お」と変わっていく入力方式。キータッチ数は増えるが、単純で覚えやすい。「フリック入力」は、文字キーを上下左右にフリックすることで、その方向に割り当てられた文字を入力する方式。トグル入力よりも、すばやく効率的な文字入力が可能だ。

「日本語-かな」のキー配列と入力方法

トグル入力

携帯電話と同じ入力方法で、キーをタップするごとに「あ→い→う→え→お→…」と入力される文字が変わる。

フリック入力

キーを上下左右にフリックした方向で、入力される文字が変わる。キーをロングタップすれば、フリック方向の文字を確認できる。

画面の見方と文字入力の基本

文字を入力する

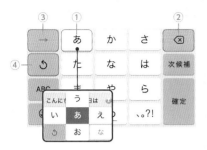

①入力
文字の入力キー。ロングタップするとキーが拡大表示され、フリック入力の方向も確認できる。

②削除
カーソルの左側の文字を1字削除する。

③文字送り
「ああ」など同じ文字を続けて入力する際に1文字送る。

③逆順
トグル入力時の文字が「う→い→あ」のように逆順で表示される。

濁点や句読点を入力する

①濁点／半濁点／小文字
入力した文字に「゛」や「゜」を付けたり、小さい「っ」などの小文字に変換できる。

②長音符
「わ」行に加え、長音符「ー」もこのキーで入力できる。

③句読点／疑問符／感嘆符
このキーで「、」「。」「?」「!」を入力できる。

文字を変換する

①変換候補
入力した文字の変換候補が表示され、タップすれば変換できる。

②その他の変換候補
タップすれば、その他の変換候補リストが開く。もう一度タップで閉じる。

③次候補／空白
次の変換候補を選択する。確定後は「空白」キーになり全角スペースを入力。

④確定／改行
変換を確定する。確定後は「改行」キー。

アルファベットを入力する

①入力モード切替
「ABC」をタップするとアルファベット入力モードになる。

②「@」などの入力
アドレスの入力によく使う「@」「#」「/」「&」「_」記号を入力できる。

③大文字／小文字変換
大文字／小文字に変換する。

④「'」などの入力
「'」「"」「()」「「」」記号を入力できる。

数字や記号を入力する

①入力モード切替
「☆123」をタップすると数字／記号入力モードになる。

②数字／記号キー
数字のほか、数字キーの下に表示されている各種記号を入力できる。

顔文字を入力する

①顔文字
日本語入力モードで何も文字を入力していないと、顔文字キーが表示され、タップすれば顔文字を入力できる。

②顔文字変換候補
顔文字の変換候補が表示され、タップすれば入力される。

③その他の顔文字変換候補
タップすれば、その他の変換候補リストが開く。もう一度タップで閉じる。

基本
029

パソコンと同じローマ字入力で入力しよう
日本語-ローマ字キーボードでの文字入力方法

本体操作

「日本語-ローマ字」は、パソコンのキーボードとほぼ同じ配列のキーボードだ。日本語入力の方法も、パソコンと同じくローマ字入力で行う。普段からパソコンを利用している人なら、あまり使い慣れていない「日本語-かな」を使うよりも、「日本語-ローマ字」に切り替えた方が入力は速いだろう。ただし、「日本語-かな」と比べると文字キーのサイズが小さくなるので、タップ操作はしづらい。また、シフトキーなど特殊な使い方をするキーもあるので注意しよう。日本語に変換せずに、英字を直接入力したい時は、「英語（日本）」キーボードに切り替えて入力したほうが早い。

QWERTYキータイプのキー配列と入力方法

ローマ字入力

にほ

n + i + h + o

「ni」とタップすれば「に」が入力されるなど、パソコンでの入力と同じローマ字かな変換で日本語を入力できる。

オススメ操作

英字入力は「英語（日本）」が便利

英字を入力する場合、「日本語-ローマ字」でも変換候補から選択できるが、ひと手間余計にかかる。「英語（日本）」キーボードで直接入力するのがおすすめだ。キーボードを切り替えできない時は、No027の囲みの手順で「英語（日本）」を追加しておこう。

日本語ローマ字
絵文字
English (Japan)

「英語（日本）」キーボードを使う

画面の見方と文字入力の基本

文字を入力する

こんにちは

①入力
文字の入力キー。「ko」で「こ」が入力されるなど、ローマ字かな変換で日本語を入力できる。

②全角英字
ロングタップするとキーが拡大表示され、全角で英字を入力できる。

③削除
カーソル左側の文字を1字削除する。

濁点や小文字を入力する

がぱぁー

①濁点／半濁点／小文字
「ga」で「が」、「sha」で「しゃ」など、濁点／半濁点／小文字はローマ字かな変換で入力する。また最初に「l（エル）」を付ければ小文字（「la」で「ぁ」）、同じ子音を連続入力で最初のキーが「っ」に変換される（「tta」で「った」）。

②長音符
このキーで長音符「ー」を入力できる。

文字を変換する

①変換候補
入力した文字の変換候補が表示され、タップすれば変換できる。

②その他の変換候補
タップすれば、その他の変換候補リストが開く。もう一度タップで閉じる。

③次候補／空白
次の変換候補を選択する。確定後は「空白」キーになり全角スペースを入力。

④確定／改行
変換を確定する。確定後は「改行」キー。

アルファベットを入力する

ABCabc

①「英語（日本）」に切り替え
タップ、またはロングタップして「英語（日本）」キーボードに切り替えると、アルファベットを入力できる。

②アクセント記号を入力
一部キーは、ロングタップするとアクセント記号文字のリストが表示される。

③スペースキー
半角スペース（空白）を入力する。ダブルタップすると「. 」（ピリオドと半角スペース）を自動入力。

シフトキーの使い方

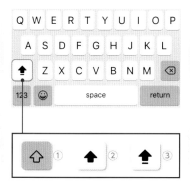

①小文字入力
シフトキーがオフの状態で英字入力すると、小文字で入力される。

②1字のみ大文字入力
シフトキーを1回タップすると、次に入力した英字のみ大文字で入力する。

③常に大文字入力
シフトキーをダブルタップすると、シフトキーがオンのまま固定され、常に大文字で英字入力するようになる。もう一度シフトキーをタップすれば解除され、元のオフの状態に戻る。

句読点/数字/記号/顔文字

123#+=^_^

①入力モード切替
「123」キーをタップすると数字／記号入力モードになる。

②他の記号入力モードに切替
タップすると、「#」「+」「=」などその他の記号の入力モードに変わる。

③句読点／疑問符／感嘆符
「、」「。」「?」「!」を入力できる。英語（日本）キーボードでは「.」「,」「?」「!」を入力。

④顔文字
日本語-ローマ字キーボードでは、タップすると顔文字を入力できる。

大量の絵文字から選べる
絵文字キーボードの使い方

 本体操作

No027で解説しているように、「日本語-かな」や「日本語-ローマ字」キーボードに表示されている絵文字キーをタップすると、「絵文字」キーボードに切り替わる。「スマイリーと人々」「動物と自然」「食べ物と飲み物」など、テーマごとに独自の絵文字が大量に用意されているので、文章を彩るのに活用しよう。一部の顔や人物の絵文字などは、ロングタップして肌の色を変えることもできる。元のキーボードに戻るには、下部の「あいう」や「ABC」といったボタンをタップすればよい。

絵文字キーボードの画面の見方

① 絵文字キー　絵文字やミー文字のステッカーを入力。
② テーマ切り替え　絵文字のテーマを切り替え。左右スワイプでも切り替えできる。
③ よく使う絵文字　よく使う絵文字を表示する。
④ 削除　カーソル左側の文字を1字削除する。
⑤ キーボード切り替え　元のキーボードに戻る

オススメ操作

絵文字キーボードがなくても入力できる

絵文字キーボードを削除していても、変換候補に絵文字が表示され、タップして入力できる。絵文字をあまり使わないならこの方法が手軽。

変換候補の絵文字をタップして入力できる

入力した文字を編集しよう
文字や文章をコピーしたり貼り付けたりする

 本体操作

入力した文字の編集を行うには、まず文字を選択状態にしよう。テキスト内を一度タップするとカーソルが表示され、このカーソルをタップすると、「選択」や「すべてを選択」といったメニューが表示される。文章の選択範囲は、左右端のカーソルをドラッグすることで自由に調節可能だ。文章を選択すると、上部のメニューで「カット」「コピー」などの操作を行える。カットやコピーした文字列は、カーソルをタップして表示されるメニューから、「ペースト」をタップすると、カーソル位置に貼り付けできる。

1 文字列を選択状態にする

テキスト内のカーソルをタップして、上部メニューの「選択」や「すべてを選択」をタップする。

2 選択した文章をコピーする

「カット」は元の文章を削除して別の場所へ貼り付ける。「コピー」は元の文章を残したまま別の場所へ貼り付ける

カーソルをドラッグして選択範囲を調整

左右のカーソルをドラッグして選択範囲を調整したら、上部メニューで「カット」や「コピー」をタップ。

3 コピーした文章を貼り付ける

貼り付けたい位置にカーソルを移動してタップし、「ペースト」で選択した文字を貼り付けできる。

032 iPhoneから音が鳴らないサイレントモードにする

本休側面のスイッチを切り替え

本体操作

音量ボタンで音量を一番下まで下げても、音楽や動画などが消音になるだけで、電話の着信音やメールなどの通知音を消すことはできない。着信音や通知音を消すサイレントモードにするには、iPhone本体の左側面にある「サイレントスイッチ」を、オレンジ色が見える位置に切り替えればよい。ただしサイレントモード中でも、アラーム音は鳴るので注意しよう。また、サイレントモードでは音楽や動画の音は消音されない。

オレンジ色が見える位置にスイッチを切り替え

033 自分の電話番号を確認する方法

2つの方法で確認できる

本体操作

契約書などの記入時に、うっかり自分の電話番号を忘れてしまった時は、「設定」→「電話」をタップしてみよう。「自分の番号」欄に、自分の電話番号が表示されているはずだ。また、「設定」→「連絡先」→「自分の情報」で自分の連絡先を選択しておけば、連絡先アプリや電話アプリの連絡先画面で、一番上に「マイカード」が表示されるようになる。これをタップすれば、自分の電話番号を確認することが可能だ。

「設定」→「電話」で確認

連絡先や電話アプリの「マイカード」で確認

電話番号は「設定」→「電話」で確認するか、連絡先や電話アプリの「マイカード」で確認しよう。

034 画面を横向きにして利用する

横向きなら動画も広い画面で楽しめる

基本

 本体操作

横向きで撮影した動画を再生する場合などは、iPhone本体を横向きに倒してみよう。端末の向きに合わせて、画面も自動的に回転し横向き表示になる。画面が横向きにならない時は、コントロールセンターの「画面縦向きのロック」がオンになっているので、オフにしておこう。なお、このボタンは画面を縦向きに固定するもので、横向き時にオンにしても横向きのまま固定することはできない。寝転がってWebサイトを見る際など、画面の回転がわずらわしい場合は、画面を縦向きに固定しておこう。

「画面縦向きのロック」がオフになっていれば、iPhoneを横向きにすると、画面も自動的に回転して横向き表示になる。

縦向きにロック

コントロールセンターの「画面縦向きのロック」は、画面を縦向きにロックする機能で、横向きではロックできない。

 オススメ操作

YouTubeを横向きで固定して見る

「画面横向きのロック」ボタンでは横向きで固定できないが、YouTubeなど一部のアプリは、画面を最大化することで横向きに固定できる。

タップすると横画面で最大化

初期設定のまま使ってはいけない

iPhoneを使いやすくする ためにチェックしたい設定項目

iPhoneにはさまざまな設定項目があり、アプリと一緒に並んでいる「設定」をタップして細かく変更できる。iPhoneの動作や画面表示などで気になる点がないならそのまま使い続けて問題ないが、何か使いづらさやわずらわしさを感じたら、該当する設定項目を探して変更しておこう。それだけで使い勝手が変わったり、操作のストレスがなくなることも多い。ここでは、あらかじめチェックしておいた方がよい設定項目をまとめて紹介する。それぞれ、「設定」のどのメニューを選択していけばよいかも記載してあるので、迷わず設定できるはずだ。

使いこなしPOINT

文字が小さくて読みにくいなら

画面に表示される 文字の大きさを変更

画面に表示される文字が小さくて読みづらい場合は、設定で文字を大きくしよう。「設定」→「画面表示と明るさ」→「テキストサイズを変更」の画面下にあるスライダを右にドラッグ。メニューやメールの文章など、さまざまな文字が大きく表示されるようになる。

さらに大きな文字を使用したい場合は "アクセシビリティ"設定で設定

右にドラッグするほど文字が大きくなる。7段階で大きさを調整できる

スリープが早すぎる場合は

画面が自動で消灯する までの時間を長くする

iPhoneは一定時間画面を操作しないと画面が消灯し、スリープ状態になる。無用なバッテリー消費を抑えるとともにセキュリティにも配慮した仕組みだが、すぐに消灯すると使い勝手が悪い。「設定」→「画面表示と明るさ」→「自動ロック」で、少し長めに設定しておこう。

2分か3分がおすすめ

スリープ解除をスムーズに

画面をタップして スリープを解除する

iPhone 12などのホームボタンのないiPhoneで、「設定」→「アクセシビリティ」→「タッチ」→「タップしてスリープ解除」のスイッチがオンになっていれば、消灯した画面をタップするだけでスリープを解除できる。机に置いたままiPhoneを操作する際に便利な機能だ。

オンを確認する

操作時の音がわずらわしいなら

キーボードをタップした 時の音を無効にする

キーボードの文字のキーは、タップするたびに音が鳴る。文字を入力した感触が得られる効果はあるが、わずらわしくなったり公共の場で気になったりすることも多い。そんな時は、「設定」→「サウンドと触覚」→「キーボードのクリック」のスイッチをオフにしておこう。

スイッチをオフにする

画面の黄色っぽさ
が気になる場合は

画面の黄色っぽい表示が気になる場合は、「設定」→「画面表示と明るさ」で「True Tone」のスイッチをオフにしよう。True Toneは、周辺の環境光を感知しディスプレイの色や彩度を自動調整する機能だが、画面が黄色味がかる傾向がある。

スイッチをオフに。なお、True ToneはiPhone 7以前には搭載されていない

ホーム画面やロック画面
の壁紙を変更する

ホーム画面やロック画面の壁紙（背景）は別の画像に変更できる。「設定」→「壁紙」→「壁紙を選択」→「静止画」で別の壁紙を選択しよう。また、「ダイナミック」は動く壁紙で、「Live」は画面を押すと動く壁紙だ。写真アプリから、自分が撮影した写真を選ぶこともできる。

壁紙を選んで「設定」をタップ。ロック画面とホーム画面で別々の画像を設定することもできる

画面の明るさ
を調整する

iPhoneの画面の明るさは、周囲の光量によって自動で調整される。明るい場所では明るく、暗い場所では暗くなり、画面を見やすくしてくれる。自動調整された明るさで画面が見にくいと感じたら、手動でも調整可能だ。コントロールセンターで明るさ調整のスライダを上下にスワイプしよう。

上下にスワイプ

パスコードを4桁の
数字に変更する

ロック解除に顔認証や指紋認証を使っていても、うまく認証されず結局パスコードを入力する機会は多い。パスコードは、より素早く入力できる4桁に変更可能だ。ただし、セキュリティの強度は下がってしまうので注意しよう。また、英数字を使ったパスコードを設定することも可能。

「設定」→「Face ID (Touch ID)とパスコード」→「パスコードを変更」で、現在のパスコードを入力し、「パスコードオプション」をタップ。続けて「4桁の数字コード」を選択しよう

持ち上げただけで画面が
点灯しないようにする

iPhoneは、持ち上げて手前に傾けるだけでスリープを解除し画面が点灯する。素早く利用開始できる反面、使わないのに画面が点灯してしまうのは困るという人も多いはずだ。「設定」→「画面表示と明るさ」で「手前に傾けてスリープ解除」をオフにすれば、この機能を無効にできる。

スイッチをオフに

ダークモードの自動
切り替えをオフにする

「設定」→「画面表示と明るさ」で「自動」がオンになっていると、夜間は黒を基調とした暗めの配色「ダークモード」に自動で切り替わる。周囲が暗い時は画面も暗めの方が目が疲れないが、ダークモードの画面が見にくいと感じるなら「ライト」を選択した上で「自動」をオフにしておこう。

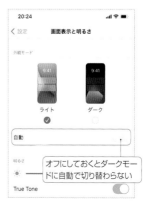

オフにしておくとダークモードに自動で切り替わらない

キャリア決済やギフトカードで購入しよう

アプリ購入時の 支払い方法を変更する

App Storeで有料アプリを購入するには（No019で解説）、クレジットカードを使う以外に、「キャリア決済」や「App Store & iTunesギフトカード」で支払うこともできる。キャリア決済は、iPhoneの月々の利用料と合算して支払う方法で、docomoやau、SoftBankと契約していれば利用できる。ギフトカードはコンビニや家電量販店で購入できるプリペイドカードで、Apple IDに金額をチャージしてその残高から支払う。クレジットカードを登録していても、ギフトカードの残高があればそちらからの支払いが優先される。

1 キャリア決済を利用する

チェックして「完了」をタップ

「設定」の一番上のApple IDをタップし、「支払いと配送先」→「お支払い方法を追加」で「キャリア決済」を選択すれば、支払いにキャリア決済を利用できる。

2 ギフトカードの金額をチャージする

カード裏面のコードを確認

タップしてカメラで読み取るかコードを入力

ギフトカードを購入したら、App Storeアプリの画面右上にあるユーザーボタンをタップし、「ギフトカードまたはコードを使う」で金額をチャージしよう。

3 ギフトカードの残高を確認する

クレジット：¥1,500

ギフトカードの残高は、App Storeアプリの画面右上にあるユーザーボタンをタップすると確認できる。

アプリを探すときに使おう

iPhoneの 検索機能を 利用する

ホーム画面の中央あたりから下にスワイプすると、検索画面が表示される。上部の検索欄にキーワードを入力すると、インストール済みのアプリ名や連絡先、カレンダーの予定、メールの件名、メッセージの内容などを対象に検索を行える。また「Siriからの提案」として、よく使うアプリや操作なども一覧表示される。操作を誤って不意に表示されたときは、右上の「キャンセル」をタップすると元のホーム画面に戻ることができる。

ホーム画面の真ん中あたりを下にスワイプ

キーワードでアプリなどを検索できる

検索画面ではインストール済みアプリなどを探せる。右上の「キャンセル」でホーム画面に戻る。

レイアウト変更を効率的に

複数のアプリを まとめて移動 させる方法

No013で解説しているように、ホーム画面のアプリは自由に動かせるが、複数のアプリを別のページに移動したいときに一つずつ移動するのは手間がかかる。そこで、複数のアプリをまとめて扱える操作方法を覚えておこう。ホーム画面の空いたスペースをロングタップして編集モードにし、移動したいアプリをタップして少しドラッグする。そのまま指を離さずに、別の指で他のアプリをタップすると、アプリがひとつに集まって動かせるようになる。

ホーム画面を編集モードにし、アプリを少しドラッグして動かす

ドラッグした指は離さず、別の指で他のアプリをタップするとひとつにまとめられる

上の手順で複数のアプリを選択していくと、ひとつにまとまったアプリをドラッグして移動できる。

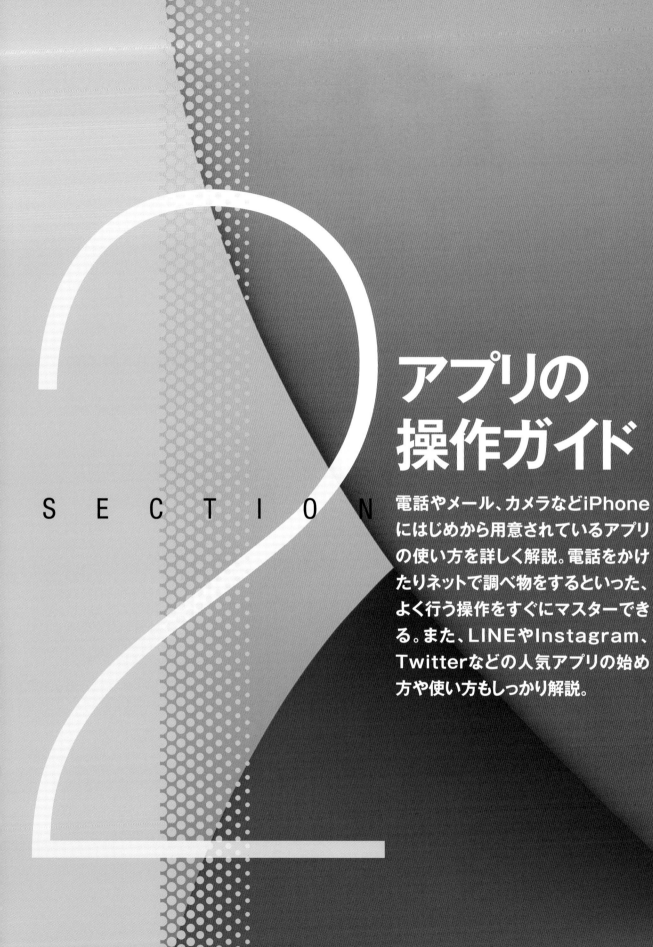

SECTION

2

アプリの
操作ガイド

電話やメール、カメラなどiPhone
にはじめから用意されているアプリ
の使い方を詳しく解説。電話をかけ
たりネットで調べ物をするといった、
よく行う操作をすぐにマスターでき
る。また、LINEやInstagram、
Twitterなどの人気アプリの始め
方や使い方もしっかり解説。

アプリ 039

電話アプリで発信しよう

iPhoneで
電話をかける

📞 電話

　iPhoneで電話をかけるには、ホーム画面下部のドックに配置されている、「電話」アプリを利用する。初めて電話する相手やお店などには、下部メニューの「キーパッド」画面を開いてダイヤルキーで電話番号を入力し、発信ボタンをタップしよう。呼び出しが開始され、相手が応答すれば通話ができる。以前電話した相手や着信があった相手に電話をかけるには、「履歴」画面に名前や電話番号が残っているので、ここから選んでタップするのが早い。下の囲みで解説している通り、Webサイトやメールでリンク表示になっている電話番号は、タップして「発信」をタップするだけで電話をかけることが可能だ。

電話番号を入力して電話をかける

1　電話アプリの キーパッドを開く

まずは、ホーム画面下部のドック欄にある電話アプリをタップして起動しよう。電話番号を入力して電話をかけるには、下部メニューの「キーパッド」をタップしてキーパッド画面を開く。

2　電話番号を入力 して発信する

電話番号を入力

090 0000 0000
青山太郎 自宅

タップ

ダイヤルキーをタップして電話番号を入力し、発信ボタンをタップしよう。発信ボタンの右にある削除ボタンをタップすれば、入力した電話番号を1字削除して、入力し直すことができる。

3　以前電話した相手は 履歴から発信しよう

履歴　　タップするとすぐに発信される

青山はるか　19:28
携帯電話

以前電話したり着信があった相手に電話をかけるなら、「履歴」画面を使うのが手っ取り早くておすすめだ。履歴一覧の電話番号や連絡先名をタップすると、すぐに発信できる。

オススメ操作

Webやメールに記載された番号にかける

Webサイトやメール記載の電話番号がリンク表示の場合は、タップして表示される「発信（電話番号）」をタップするだけで電話できる。リンク表示になっていない番号は、ロングタップでコピーして、電話アプリのキーパッド画面で電話番号の表示欄をロングタップし「ペースト」をタップしよう。

電話番号のリンクをタップし、「発信（電話番号）」をタップ

0120-800-000　携帯電話・PHS OK
受付時間　午前9時〜午後8時（年中無休）
発信 0120 800 000
キャンセル

リンク表示でない電話番号は、ロングタップして「コピー」し、キーパッド画面の番号表示欄をロングタップして「ペースト」で貼り付けて発信できる

ペースト

使用中とスリープ中で操作が違う

040

かかってきた電話を
受ける／拒否する

 電話

電話がかかってきたとき、iPhoneを使用中の場合は緑の受話器ボタンをタップして電話に出よう。電話に出られないなら、赤の受話器ボタンで応答を拒否できる。応答を拒否した場合、相手の呼び出し音はすぐに切れる。iPhoneがスリープ中で、ロック画面に着信が表示された場合は、画面下部に表示される受話器ボタンを、右にスライドすれば電話に応答できる。応答を拒否するには、電源ボタンを2回押せばよい。なお、音量ボタンのどちらかか電源ボタンを1回押すと、着信音を即座に消すことができる。

1 端末の使用中にかかってきた場合

端末の使用中に電話がかかってきた時は上部にバナーが表示される。緑の受話器ボタンをタップすると電話に出られる。電話に出られないときは赤の受話器ボタンをタップしよう。

2 スリープ中にかかってきた場合

スリープ中に電話がかかってきた時は、画面下部の受話器ボタンを右にスライドすれば応答できる。出られないなら、電源ボタンを2回押して拒否できる。

電話の切り忘れに注意

041

電話の通話を
終了する

 電話

通話中にホーム画面に戻ったり他のアプリを起動しても、通話はまだ終了していない。iPhoneは通話中でも、Safariで調べ物をしたり、メモを取るといった操作が可能だ。電話をしっかり切るには、通話画面の赤い受話器ボタンをタップするか、電源ボタンを押す必要があるので注意しよう。なお、通話中にホーム画面に戻ったり他のアプリを起動した際は、上部の時刻部分が緑色で表示される（ホームボタンのある機種は上部のステータスバーが緑色になる）。これをタップすると元の通話画面が表示される。

他のアプリを操作中でも、上部の時刻部分が緑色ならまだ通話が継続されている。電話を切るには、この緑色部分をタップしよう。

通話画面が表示されるので、下部の赤い通話終了ボタンをタップしよう。これで通話を終了できる。

オススメ操作

電源ボタンでも通話を終了できる

ステータスバーの緑色部分をタップして通話画面を表示させなくても、本体側面の電源ボタンを押すだけで通話は終了できる。こちらのほうが、素早く簡単に終了できるので覚えておこう。ただし、一度押すだけですぐ電話が切れてしまうので、通話中に誤って押してしまわないように注意しよう。

いちいち番号を入力しなくても電話できるように

042 友人や知人の連絡先を 登録しておく

連絡先

標準の「連絡先」アプリを使って、名前や電話番号、住所、メールアドレスなどを登録しておけば、iPhoneで連絡先をまとめて管理できる。この連絡先アプリは電話アプリとも連携するので、連絡先に登録済みの番号から電話がかかってきた際は、電話アプリの着信画面に名前が表示され、誰からの電話か

ひと目で分かるようになる。また、電話アプリの「連絡先」画面を開くと、連絡先アプリの連絡先一覧が表示され、名前で選んで電話をかけることも可能だ。いちいち電話番号を入力しなくても、素早く電話できるようになるので、友人知人の電話番号はすべて連絡先アプリに登録しておこう。

連絡先アプリで連絡先を作成する

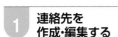

1 連絡先を作成・編集する

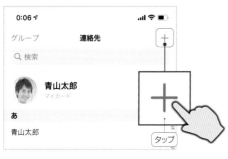

連絡先アプリを起動し、新規連絡先を作成する場合は「+」ボタンをタップ。既存の連絡先の登録内容を編集するには、連絡先を開いて「編集」ボタンをタップしよう。

2 電話番号や住所を入力して保存

氏名や電話番号、メールアドレス、住所といった項目を入力し、「完了」をタップで保存できる。「写真を追加」をタップすれば、この連絡先の写真を設定できる。

3 電話アプリの連絡先から電話する

電話アプリの「連絡先」画面を開き、連絡先を開いて電話番号をタップすれば、その番号に発信できる。また「発信」ボタンで、電話やFaceTime、LINEなど発信方法を選択できる。

誤って削除した連絡先を復元する

誤って連絡先を削除した時は、パソコンのWebブラウザでiCloud.com（https://www.icloud.com/）にアクセスしよう。Apple IDでサインインして「アカウント設定」を開き、「連絡先の復元」をクリック。復元したい日時を選んで「復元」をクリックすれば、その時点の連絡先に復元できる。

バッジや通知センターで確認

043

不在着信に
かけなおす

📞 電話

不在着信があると、電話アプリの右上に数字が表示されているはずだ。これは不在着信の件数を表す数字で、「バッジ」と呼ばれる。折り返し電話するには、電話アプリを起動し、「履歴」画面で着信のあった相手の名前や電話番号をタップすればよい。不在着信だけを確認したいなら、「履歴」画面の上部のタブを「不在着信」に切り替えよう。なお、不在着信はバッジだけでなく、ロック画面に表示される通知でも確認可能だ。履歴画面で不在着信を確認した時点で、バッジや通知は消える。

不在着信があると、電話アプリの右上に赤い丸が表示される。数字は不在着信の件数。

「不在着信」タブに切り替えると、不在着信のみ一覧表示される

不在着信のあった相手をタップ

折り返し電話したい場合は、電話アプリの「履歴」画面で相手の名前や電話番号をタップすればよい。

すぐに電話が発信される。同じ相手にリダイヤルしたい時も、履歴画面からかけなおすのが早い。

端末内に保存していつでも確認できる

044

留守番電話を
利用する

📞 電話

電話に応答できない時に、相手の伝言メッセージを録音する留守番電話機能を使いたい場合は、ドコモなら「留守番電話サービス」、auなら「お留守番サービス EX」、ソフトバンクなら「留守番電話プラス」の契約（どれも月額330円の有料オプション）が必要だ。録音されたメッセージは、電話アプリの「留守番電話」画面で、いつでも再生することができる。この画面に録音メッセージが表示されない時は、「ビジュアルボイスメール」機能が有効になっていないので、各キャリアのサイトで設定を確認しよう。

タップして再生

左にスワイプして削除

電話アプリの「留守番電話」画面で、録音されたメッセージを確認できる。タップして再生しよう。

不要な録音メッセージは、左いっぱいにスワイプで削除できる。「削除したメッセージ」から復元も可能。

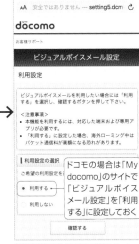

ドコモの場合は「My docomo」のサイトで「ビジュアルボイスメール設定」を「利用する」に設定しておく

「留守番電話」画面に録音メッセージが表示されない時は、各キャリアの設定を確認しよう。

045
よく電話する相手にすぐかけらるよう登録する

電話

よく電話する相手は、「よく使う項目」に登録しておこう。電話アプリの「よく使う項目」を開いたら、上部の「＋」ボタンをタップ。連絡先一覧から相手を選び、電話番号を選択すれば、「よく使う項目」画面に登録された名前をタップするだけで、素早くその番号に発信できる。なお、LINEやFaceTimeの音声通話、ビデオ通話なども登録でき、タップするだけで対応アプリが起動して、素早く発信できる。

電話アプリの「よく使う項目」で「＋」をタップして連絡先を選択し、発信する番号などを選択する。

046
電話で話しながら他のアプリを操作する

電話

iPhoneは通話中でも、ホーム画面に戻ったり、Safariやマップなど他のアプリを起動して、画面を見ながら会話を続けることが可能だ。通話中に他の画面を開いた時は、画面上部の時刻部分やステータスバーが、緑色の表示になる。これをタップすると元の通話画面に戻る。なお、他のアプリを操作しながらしゃべるには、No047のスピーカー出力をオンにして、相手の声がスピーカーから聞こえるようにしておいた方が便利だ。

通話中にホーム画面に戻って、他のアプリを起動してみよう。通話を継続しつつ他のアプリを操作できる。

047
置いたまま話せるようスピーカーフォンを利用する

 電話

iPhoneを机などに置いてハンズフリーで通話したい時は、通話画面に表示されている「スピーカー」ボタンをタップしよう。iPhoneを耳に当てなくても、相手の声が端末のスピーカーから大きく聞こえるようになる。No046で解説したように、他のアプリを操作しながら電話したい場合も、スピーカーをオンにしておいた方が、スムーズに会話できて便利だ。スピーカーをオフにしたい場合は、もう一度「スピーカー」ボタンをタップすればよい。

「スピーカー」をオンにすると、iPhoneを耳に当てなくても、スピーカーから相手の声が聞こえる。

048
宅配便の再配達依頼など通話中に番号入力を行う

 電話

宅配便の再配達サービスや、各種サポートセンターの音声ガイダンスなど、通話中にキー入力を求められる機会は多い。そんな時は、通話画面に表示されている「キーパッド」ボタンをタップしよう。ダイヤルキー画面が表示され、数字キーをタップしてキー入力ができるようになる。元の通話画面に戻りたい時は、通話終了ボタンの右にある「非表示」をタップすればよい。ダイヤルキー画面が閉じて、元の通話画面に戻る。

049

 FaceTime

無料の通話アプリFaceTimeを使ってみよう

iPhone同士で
無料通話を利用する

iPhoneには、FaceTimeと呼ばれる通話アプリが標準搭載されている。これを使えば、LINEのような音声通話やビデオ通話機能を無料で使うことができる。ただし、通話できるのは相手がiPhoneやiPad、Macの場合のみ。Android端末とは通話できないので注意しよう。FaceTimeは、相手のApple IDの

メールアドレスもしくは電話番号さえわかっていれば、すぐに発信可能だ。iPhoneユーザー同士なら手軽に使えるので、家族や親しい友達同士で電話の代わりに使ってみるのもオススメ。なお、ビデオ通話は、1分あたり30MB前後のデータ量で通信が行われる。モバイルデータ通信時は使いすぎないようにしよう。

FaceTimeでビデオ通話を行う方法

1 FaceTimeアプリで新規の通話を追加

「+」ボタンで新しい連絡先との通話を追加

過去に通話したことがある場合は、通話履歴一覧から再発信が可能

まずはFaceTimeを起動しよう。初めて使う場合は、画面右上の「+」ボタンをタップして、連絡先を指定する。過去に通話したことがある場合は、通話履歴から再発信ができる。

2 電話番号かメールアドレスですぐ発信できる

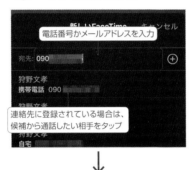

電話番号かメールアドレスを入力

連絡先に登録されている場合は、候補から通話したい相手をタップ

通話の方法を選択してタップして発信

手順1で「+」ボタンをタップした場合、「宛先」欄に相手の電話番号かApple IDのメールアドレスを入力。通話の種類を「オーディオ」または「ビデオ」から選んでタップすれば発信される。

3 FaceTimeで無料通話を行う

通話中は画面をタップして各種ボタンを表示することができる

ビデオ通話が開始されると、相手の顔が表示され、自分の顔は画面端に表示される。音声通話の場合は電話アプリと同じ通話画面が表示され、電話との違いを意識せず利用できる。

 操作のヒント

電話アプリの履歴からも発信できる

FaceTimeの発着信履歴は電話アプリからも確認でき、「FaceTimeオーディオ(ビデオ)」と書かれた履歴をタップすれば、すぐにFaceTime通話でかけ直すことが可能だ。相手がiPhoneユーザーなら電話と同じ操作で発信して無料で通話できるので、電話の代わりに積極的に使おう。

電話アプリで「履歴」画面を開き、FaceTimeの通話履歴をタップ

すぐにFaceTimeで発信される

050

メール

iPhoneにメールアカウントを追加しよう
iPhoneでメールを送受信する

普段使っている自宅や会社のメールは、iPhoneに最初から用意されている「メール」アプリで送受信できる。使いたいアドレスが「Gmail」や「Yahoo! メール」などの主要なメールサービスであれば、メールアドレスとパスワードを入力するだけで簡単に設定が終わるが、その他のメールを送受信できるよ

うにするには、送受信サーバーの入力を自分で行う必要がある。あらかじめ、プロバイダや会社から指定されたメールアカウント情報を手元に準備しておこう。メールの受信方法に「POP3」と書いてあれば「POP3」を、「IMAP」と書いてあれば「IMAP」をタップして設定を進めていく。

「設定」でメールアカウントを追加する

1 設定でアカウント追加画面を開く

メールアプリで送受信するアカウントを追加するには、まず「設定」アプリを起動し、「メール」→「アカウント」→「アカウントを追加」をタップ。アカウント追加画面が表示される。

2 主なメールサービスを追加するには

「Gmail」や「Yahoo! メール」などの主要なメールサービスは、「Google」「yahoo!」などそれぞれのバナーをタップして、メールアドレスとパスワードを入力すれば、簡単に追加できる。

3 会社のメールなどは「その他」から追加

会社や自宅のプロバイダメールを追加するには、アカウント追加画面の一番下にある「その他」をタップし、続けて「メールアカウントを追加」をタップしよう。

4 メールアドレスとパスワードを入力する

「その他」でアカウントを追加するには、自分で必要な情報を入力していく必要がある。まず、名前、自宅や会社のメールアドレス、パスワードを入力し、右上の「次へ」をタップ。

5 受信方法を選択しサーバ情報を入力

受信方法は、対応していればIMAPがおすすめだが、ほとんどの場合はPOPで設定する。プロバイダや会社から指定された、受信および送信サーバ情報を入力しよう。

6 メールアカウントの追加を確認

サーバとの通信が確認されると、元の「パスワードとアカウント」画面に戻る。追加したメールアカウントがアカウント一覧に表示されていれば、メールアプリで送受信可能になっている。

メールアプリで新規メールを作成して送信する

1 新規作成ボタンをタップする

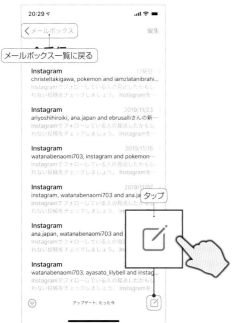

メールボックス一覧に戻る

タップ

メールアプリを起動すると、受信トレイが表示される。新規メールを作成するには、画面右下の新規作成ボタンをタップしよう。なお、左上の「メールボックス」でメールボックス一覧が開く。

2 メールの宛先を入力する

名前やアドレスを入力

「宛先」欄にメールアドレスを入力する。または、名前やアドレスの一部を入力すると、連絡先に登録されているデータから候補が表示されるので、これをタップして宛先に追加する。

3 件名や本文を入力して送信する

下書き保存する

タップして送信

件名や本文を入力し、上部の送信ボタンをタップすれば送信できる。作成途中で「キャンセル」→「下書きを保存」をタップすると、下書きメールボックスに保存しておける。

メールアプリで受信したメールを読む／返信する

1 読みたいメールをタップする

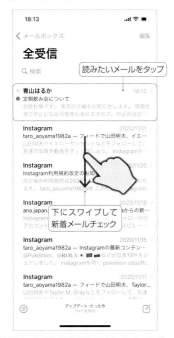

読みたいメールをタップ

下にスワイプして新着メールチェック

受信トレイでは、新着順に受信したメールが一覧表示されるので、読みたいメールをタップしよう。画面を下にスワイプすれば、手動で新着メールをチェックできる。

2 メール本文の表示画面

リンクをタップすれば関連アプリが起動する

件名をタップするとメール本文が表示される。住所や電話番号はリンク表示になり、タップするとブラウザやマップが起動したり、電話を発信できる。

3 返信メールを作成して送信する

下部の矢印ボタンをタップすると、メールの「返信」「全員に返信」「転送」を行える。「ゴミ箱」でメールを削除したり、「フラグ」で重要なメールに印を付けることもできる。

アプリ

051

サポートページからプロファイルを入手しよう

通信会社のキャリアメールを利用する

✉ メール

iPhoneでドコモメール（@docomo.ne.jp）やauメール（@au.com／@ezweb.ne.jp）、ソフトバンクメール（@i.softbank.jp）を使うには、Safariでそれぞれのサポートページにアクセスし、設定を簡単に行うための「プロファイル」をダウンロードして、インストールすればよい。ドコモなら「My docomo」→「iPhoneドコモメール利用設定」から、auなら「auサポート」→「メール初期設定」から、ソフトバンクは「sbwifi.jp」にアクセスしてSMSで届いたURLにアクセスすれば、プロファイルを入手できる。インストールを済ませると、メールアプリでキャリアメールを送受信できるようになる。

iPhoneでドコモメールを使えるようにする

1 サポートページの設定画面を開く

ここではドコモメールを例に解説する。あらかじめWi-Fiをオフにし、Safariで「My docomo」にアクセス。「iPhoneドコモメール利用設定」の「ドコモメール利用設定サイト」をタップ。

2 プロファイルをダウンロードする

ネットワーク認証番号を入力し、「次へ進む」→「次へ」をタップ。メッセージが表示されたら、「許可」→「閉じる」をタップしよう。プロファイルがダウンロードされる。

3 プロファイルをインストールする

「設定」アプリを起動し、Apple IDの下にある「プロファイルがダウンロード済み」をタップ。続けて「インストール」をタップして、プロファイルのインストールを済ませよう。

操作のヒント

メールアプリでキャリアメールを送受信する

プロファイルをインストールしたら、「メール」アプリを起動しよう。メールボックス一覧を開くと、キャリアメールの受信トレイが追加されているはずだ。トレイを開いて受信メールを確認したり、キャリアメールのアドレスを差出人にして新規メールを作成することもできる。

キャリアメールのアドレスを差出人にしてメールを作成できる

052

メッセージアプリを利用しよう

電話番号宛てにメッセージを送信する

💬 メッセージ

「メッセージ」アプリを使うと、電話番号を宛先にして、相手に短いテキストメッセージ（SMS）を送信できる。電話番号を知っていれば送信できるので、メールアドレスを知らない人やメールアドレスが変わってしまった人にも連絡を取れる。また、宛先がAndroidスマートフォンやガラケーであってもやり取り が可能だ。ただ、メッセージを送る相手の機種がiPhoneであるとメッセージアプリが判断したら、自動的に「iMessage」というサービスに切り替えてメッセージをやり取りするようになる。iMessageの時はテキストだけでなく、画像や動画を添付したり、LINEのようなスタンプも使えるようになる。

メッセージアプリの基本的な使い方

1 新規メッセージボタンをタップ

「メッセージ」アプリを起動すると、送受信したメッセージのスレッドが一覧表示される。新しい相手にメッセージを送るには、右上の新規メッセージボタンをタップ。

2 宛先に電話番号を入力する

電話番号を入力するか、または候補から選択

新規メッセージの作成画面が開く。「宛先」欄に電話番号を入力するか、下部に表示される連絡先の候補から選択してタップしよう。

3 テキストメッセージを送信する

タップして送信

メッセージ入力欄にメッセージを入力し、右の送信ボタンをタップして送信しよう。相手がAndroidスマートフォンやガラケーの場合は、1通あたり3円でテキストのみ送信できる。

相手がiPhoneなら「iMessage」でやり取りできる

メッセージを送る相手がiPhoneなら、宛先の番号が青文字で表示される。この青文字の番号とは、自動的に「iMessage」でメッセージをやり取りするようになる。有料のSMSと違って、送受信料金がかからず、画像や動画を送ったり、ステッカーやエフェクトなどさまざまな機能を利用できる。

iPhoneの電話番号は青文字になる

相手がiPhoneなら画像やステッカーのやり取りも可能。フキダシも青色で表示される

メール

送られてきた写真やURLを開くには
メールやメッセージで
送られてきた情報を見る

メールに画像が添付されていると、メール本文を開いた時に縮小表示され、これをタップすれば大きくプレビュー表示できる。その他のPDFやZIPファイルなどは、「タップしてダウンロード」でダウンロードすることで、ファイルの中身を確認できるようになる。また、メールやメッセージに記載された電話番号や住所、URLなどは、自動的にリンク表示になり、タップすることで、対応するアプリが起動して電話を発信したりサイトにアクセスできる。ただし、下記で注意しているように、迷惑メールやフィッシングメールの可能性もあるので、リンクを不用意に開かないようにしよう。

添付されたファイルやURLを開く

1 添付された画像を開く

タップ

タップすると画像の保存などが可能

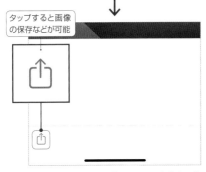

メールに添付された画像は、メール本文内で縮小表示される。これをタップすると画像が大きく表示される。また、左下の共有ボタンから画像の保存などの操作を行える。

2 添付されたその他ファイルを開く

フォーマットPDFです

タップ

iPhone waza_format.pdf
1.2 MB

19:04
完了　iPhone waza_format.pdf

メールに添付されたPDFなどのファイルは、「タップしてダウンロード」でダウンロードしよう。ダウンロードが済んだら、再度タップすることでファイルの中身を開いて確認できる。

3 メッセージ内のURLなどを開く

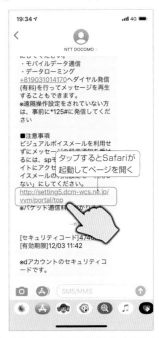

タップするとSafariが起動してページを開く

メールやメッセージに記載された、電話番号や住所、URLなどは、自動的にリンク表示になる。これをタップすると、電話アプリやマップ、Safariなど対応するアプリが起動する。

 こんなときは?

カード情報などを盗むフィッシングメールに注意

ショップやメーカーの公式サイトからのメールになりすまして、メール内のURLから偽サイトに誘導し、そこでユーザーIDやパスワード、クレジットカード情報など入力させて盗み取ろうとする詐欺メールを、「フィッシングメール」という。「第三者からのアクセスがあったので確認が必要」などと危険を煽ったり、購入した覚えのない商品の確認メールを送ってキャンセルさせるように仕向け、偽のサイトでIDやパスワードを入力させるのが主な手口だ。メールの日本語がおかしかったり、送信アドレスが公式のものと全く違うなど、自分で少し気を付ければ詐欺と分かるメールもあるが、中には公式メールやサイトと全く区別の付かない手の混んだものもある。メールに記載されたURLは不用意にタップせず、メールの件名や送信者名で一度ネット検索して、本物のメールか判断するクセを付けておこう。

054

SafariでWebサイトを検索しよう

インターネットで調べものをする

 Safari

iPhoneで何か調べものをしたい時は、標準のWebブラウザアプリ「Safari」を使おう。Safariを起動したら、画面上部のアドレスバーをタップ。検索キーワードを入力して「開く」をタップすると、Googleでの検索結果が表示される。また、キーワードの入力中に関連した検索候補が表示されるので、ここから選んでタップしてもよい。検索結果のリンクをタップすると、そのリンク先にアクセスし、Webページを開くことができる。画面左下にある「＜」「＞」ボタンで前のページに戻ったり、次のページに進むことができる。

Safariを起動したら、画面上部のアドレスバーをタップして検索したい語句を入力しよう。

Googleでの検索結果が表示される。開きたいページのリンクをタップしよう。

タップしたリンク先のWebページが表示される。左下の「＜」ボタンで前の検索結果ページに戻る。

055

複数のタブを開いて切り替えよう

サイトをいくつも同時に開いて見る

 Safari

Safariには、複数のサイトを同時に開いて表示の切り替えができる、「タブ」機能が備わっている。画面右下のタブボタンをタップすることで新しいタブを開いたり、開いている他のタブに表示を切り替えできる。例えば、ニュースを読んでいて気になった用語を新しいページで調べたり、複数のショッピングサイトで価格を比較するなど、今見ているページを残したまま別のWebページを見たい時に便利なので、操作方法を覚えておこう。不要なタブは、タブ一覧画面で「×」をタップすれば閉じることができる。

1 新しいタブを開く

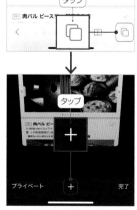

画面右下のタブボタンをタップし、「＋」をタップすると、新しいタブが開く。

2 開いている他のタブに切り替える

複数のタブを開いている時は、タブボタンをタップすると、他のページに表示を切り替えできる。

3 開いているタブを閉じる

タブの左上にある「×」をタップすると、このタブを閉じる。不要になったタブは消しておこう。

Safari

リンク先を新しいタブで開こう
リンクをタップして 別のサイトを開く

Webページ内のリンクをタップすると、今見ているページがリンク先のページに変わってしまう。今見ているページを残したまま、リンク先のページを見たい時は、リンクをロングタップして「新規タブで開く」をタップしよう。リンク先のWebページが新しいタブで開いて、すぐにそのページの表示に切り替わる。元のページに戻るには、左下の戻るボタンをタップするか、右下のタブボタンをタップしてタブを切り替えればよい。ニュースサイトなどで、気になる記事だけをピックアップして読みたい時などに便利な操作だ。

このページを残したまま、リンク先を別のページで開くには、リンクをロングタップする。

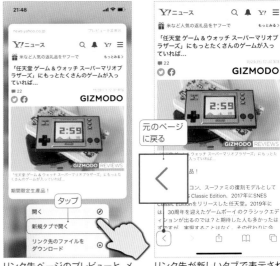

リンク先ページのプレビューと、メニューが表示されるので、「新規タブで開く」をタップしよう。

リンク先が新しいタブで表示された。左下の「<」ボタンで、このタブを閉じて元のページに戻る。

Safari

いつものサイトに素早くアクセス
よくみるサイトを ブックマークしておく

よくアクセスするWebサイトがあるなら、そのサイトをSafariのブックマークに登録しておこう。よく見るサイトを開いたら、画面下部中央の共有ボタンをタップ。「ブックマークを追加」をタップして保存先を指定すれば、ブックマーク登録は完了だ。画面下部のブックマークボタンをタップすると、ブックマーク一覧が表示され、タップするだけで素早くアクセスできる。なお、ブックマークの保存先に指定するフォルダは、ブックマーク一覧画面の右下「編集」→「新規フォルダ」をタップすれば作成することができる。

ブックマーク登録したいサイトを開いたら、共有ボタンから「ブックマークを追加」をタップ。

「場所」をタップしてブックマークの保存先フォルダを変更し、「保存」をタップすれば登録できる。

下部の本の形のボタンで、登録したブックマークが一覧表示され、タップして素早くアクセスできる。

標準のカメラアプリで写真を撮ってみよう

iPhoneで写真を撮影する

 カメラ

　写真を撮影したいのであれば、標準のカメラアプリを利用しよう。カメラアプリを起動したらカメラモードを「写真」に設定。あとは被写体にiPhoneを向けてシャッターボタンを押すだけだ。iPhoneのカメラは非常に優秀で、オートフォーカスで自動的にピントを合わせ、露出も最適な状態に自動調節してくれる。

　ピントや露出が好みの状態でなければ、画面内をタップして基準点を指定してあげよう。その場所を基準としてピントや露出が自動調節される。また、自撮りをする場合は、前面カメラに切り替えて撮影すればいい。なお、カメラ起動中は、端末側面の音量ボタンやイヤホンの音量ボタンでもシャッターが切れる。

カメラアプリで写真を撮影してみよう

1 シャッターボタンでカメラ撮影しよう

撮影した写真を見る

左右にスワイプしてカメラモードを「写真」にする

シャッターボタンで写真を撮影。シャッターは音量ボタンでも押せる

カメラアプリを起動したら、カメラモードを「写真」に切り替えてシャッターボタンをタップ。これで写真が撮影される。画面左下の画像をタップすれば、撮影した写真をチェック可能だ。

2 画面タップでピントを合わせよう

画面をタップした場所を基準として、ピントや露出が自動調節される

ピントや露出を合わせたい被写体や対象がある場合は、その部分をタップしよう。また、画面をロングタップすると「AE/AFロック」と表示され、ピントや露出を固定することができる。

3 前面側のカメラを使って撮影する

タップしてカメラを切り替える

画面右下のボタンで前面側カメラに切り替えれば、画面を見ながら自撮りが可能だ。iPhone 12や11などの機種では、画面下の矢印ボタンで広角モードにすることができる。

 オススメ操作

複数のレンズを使い分ける

最新のiPhoneでは、複数のレンズを切り替えて写真や動画を撮影できる。iPhone 12と11は広角と超広角レンズで、iPhone 12 Proと12 Pro Max、11 Proと11 Pro Maxは広角と超広角に加え望遠レンズでも撮影可能だ。超広角でより広い範囲をフレームに収めたり、望遠で被写体に接近できる。

iPhone 12 Proと12 Pro Maxおよび11 Proと11 Pro Maxでは、「.5」「1」「2」をタップして、超広角、広角、望遠に切り替えられる

059

露出調整やズーム撮影などの方法
もっときれいに写真を撮影するためのひと工夫

 カメラ

iPhoneのカメラアプリでは、基本的にフルオートできれいな写真が撮れるが、シーンによっては写真の明るさをもう少し明るくしたり、暗くしたいときもある。その場合は、画面をタップしたまま指を上下に動かそう。これで露出を微調整することができる。また、画面をピンチイン／アウトすると、ズーム撮影が可能だ。ズーム倍率は画面下の数字ボタンからでも調節できる。ちなみに、カメラモードをポートレートに切り替えると、背景をぼかした撮影がしやすくなる。自撮りをキレイに撮りたい場合は、使ってみるといい。

1 露出だけを調節する

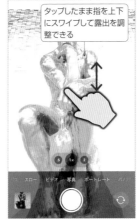

タップしたまま指を上下にスワイプして露出を調整できる

タップしたまま指を上下に動かすと露出を微調整できる。もっと明るくしたり暗くしたい場合に使おう。

2 ズームや超広角撮影を行う

ピンチイン／アウトのほか、画面下の数字ボタンを左右にスワイプしても拡大率を調整可能。2倍以上のズームはデジタルズームになるので画質は悪くなる

ピンチイン／アウトでズーム撮影が可能。iPhone 12や11シリーズでは超広角撮影にも対応している。

3 自撮りで背景をぼかす

カメラモードを「ポートレート」にして、「自然光」、「スタジオ照明」などの効果を選ぼう。背景をぼかした撮影などができる

ポートレートモードを使うと、背景だけをぼかした撮影ができる。背景だけを黒にするといった効果もある。

060

カメラアプリで録画機能を使う
iPhoneで動画を撮影する

 カメラ

カメラアプリでは、写真だけでなく動画も撮影することができる。まずは、カメラアプリを起動してカメラモードを「ビデオ」に切り替えておこう。あとは録画ボタンをタップすれば録画開始。iPhoneは手ブレ補正機能を搭載しているので、手持ちのままでも比較的滑らかでブレの少ない動画が撮影可能だ。ピントや露出などは、写真撮影時と同じように自動調節される。画面をタップすれば、その場所にピントや露出を合わせることも可能だ。露出の微調整やズーム撮影などにも対応しているので、いろいろ試してみよう。

1 ビデオモードに切り替える

左右にスワイプしてカメラモードを「ビデオ」に切り替え

カメラアプリを起動したら、画面を左右にスワイプしてカメラモードを「ビデオ」に切り替えておこう。

2 録画ボタンで撮影開始

タップして録画開始

録画ボタンをタップすれば動画の撮影開始。再びボタンをタップすれば撮影が停止する。

操作のヒント

動画録画中に写真を撮影する

動画撮影中に、画面右下のシャッターボタンを押すことで、静止画が撮影できる。動画とは別に写真を残したいときに使ってみよう。

シャッターボタンを押すと動画撮影中でも静止画が撮影できる

061

さまざまな撮影方法を試してみよう

 カメラ

カメラアプリでは、フラッシュのオンとオフの切り替えができる。暗い場所や室内ではフラッシュ撮影が効果的だが、フラッシュ撮影だと光が不自然になることが多いので、基本はオフか自動にしてこう。また、記念撮影したいときに欠かせないセルフタイマー機能はセルフタイマーボタンをタップして、時間をセッ

トすればOK。シャッターボタンを押せば、カウントダウンのあとにシャッターが切られる。ほかにもよく使う機能がいくつかあるので、下記の解説をチェックしよう。なお、iPhoneの「設定」→「カメラ」から、ビデオ撮影時の解像度やグリッド表示などの細かい設定ができるので、こちらも確認しておくといい。

よく使うカメラの機能を覚えておこう

1 フラッシュのオン／オフを切り替える

画面上部のボタンか、画面を上へスワイプして表示されるフラッシュボタンをタップ。フラッシュを使う必要があるときだけオンにするのがおすすめ

撮影時のフラッシュは、自動とオン、オフを設定できる。フラッシュ撮影はあまりキレイに撮影できないことが多いので、基本はオフにしておくといい。

2 Live Photos機能をオン／オフする

画面上部のボタンか、画面を上へスワイプして表示されるLive Photosボタンをタップ。機能をオンにすると、画面上部に「LIVE」と表示される

Live Photosとは、写真を撮った瞬間の前後の映像と音声を記録する機能だ。映像と音声を含む分、静止画に比べファイルサイズが倍近くになるので、不要なら機能を切っておこう。

3 セルフタイマーで撮影を行う

画面上部のボタンか、画面を上へスワイプして表示されるセルフタイマーボタンをタップして、秒数を設定する

セルフタイマー機能も搭載している。タイマーの時間を3秒か10秒のどちらかに設定したらシャッターボタンを押そう。カウントダウン後、シャッターが切られる。

4 フィルタ機能で色合いを変更する

ビビットなトーンや白黒などの色合いに変更できる

画面上部のボタンか、画面を上へスワイプして表示されるフィルタボタンをタップすると、フィルタ機能を利用できる。色合いに変化を加えた写真を撮影可能だ。

こんなときは？

搭載されている各種カメラモード

標準搭載されているカメラモードは、以下の7種類だ（機種によって多少異なる）。パノラマやタイムラプスなど、面白いカメラモードもあるので使ってみよう。

モード	概要
写真	静止画を撮影
ポートレート	人物のポートレートを撮影するのに最適なモード
スクエア	正方形の写真を撮影できる
パノラマ	横長のパノラマ写真を撮影できる
ビデオ	動画を撮影
スロー	スローな動画を撮影できる
タイムラプス	一定間隔で撮影した写真を連続でつなげた動画を撮影

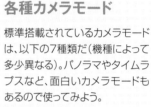

パノラマモードは、iPhoneを持って360度回転して撮影する

写真や動画は写真アプリで閲覧できる

撮影した写真や動画を見る

 写真

カメラで撮影した写真や動画は、写真アプリで閲覧可能だ。写真アプリを起動したら、画面下の「ライブラリ」をタップしよう。さらに「すべての写真」をタップすれば、端末内に保存されたすべての写真や動画がサムネイル一覧で表示される。閲覧したいものをタップして全画面表示に切り替えよう。このとき、左右スワイプで前後の写真や動画を表示したり、ピンチイン／アウトで拡大／縮小表示が可能だ。なお、写真や動画をある程度撮影していくと、「For You」画面で自動的におすすめ写真やメモリーを提案してくれるようになる。ちょっとした想い出を振り返るときに便利なので、気になる人はチェックしてみよう。

写真アプリの基本的な使い方

1 すべての写真や動画を表示する

写真アプリを起動したら、画面下の「ライブラリ」をタップ。「すべての写真」を選択すれば、今まで撮影したすべての写真や動画が撮影順に一覧表示される。見たいものをタップしよう。

2 写真や動画を全画面で閲覧する

写真や動画が全画面表示される。ピンチイン／アウトで縮小／拡大、左右スワイプで前後の写真を動画を閲覧可能だ。動画再生中は、画面下部分をスワイプして再生位置を調整できる。

3 写っている人物や場所、撮影モードから探す

「アルバム」画面では「ピープル」でよく写っている人物から探したり、「撮影地」でマップ上から探せる。また「ビデオ」「セルフィー」など撮影モード別でも一覧表示できる。

 操作のヒント

おすすめの写真やメモリーを自動提案してくれる

写真アプリの「For You」では、過去に撮影した写真や動画の内容をAIで解析し、おすすめの写真やメモリー（旅行や1年間の振り返りなど、何らかのテーマで写真や動画を自動でまとめたもの）を提案してくれる。メモリーでは、BGM付きのスライドショーも自動生成されるので、ぜひ見てみよう。

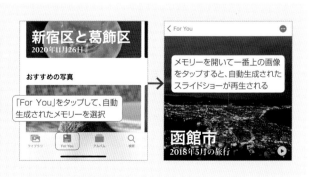

アプリ 063

容量が気になる場合は

いらない写真や動画を削除する

 写真

最近のiPhoneは本体の保存容量が大きく、撮りためた写真や動画を保存しっぱなしにしていても特に問題ない。失敗した写真なども残しておけば、あとから楽しめることもあるだろう。ただ動画の本数が多かったり、他にサイズの大きいアプリなどを使っていると、iPhoneの容量が不足しがちになる。そんな時は、いらない写真やビデオを選択して削除しておこう。なお削除しても、No064で解説しているように「最近削除した項目」に30日間は残っている。この画面からも削除しないとiPhoneの空き容量は増えない。

1 写真や動画を削除する

写真や動画を全画面表示してゴミ箱アイコンをタップ

「写真(ビデオ)を削除」をタップ

写真を削除

キャンセル

写真や動画を全画面表示にしたら、ゴミ箱アイコンをタップ。「写真(ビデオ)を削除」で削除できる。

2 まとめて削除したい場合

2020年11月30日
墨田区・向島

選択

タップして複数の写真やビデオを選択し、右下のゴミ箱ボタンをタップ

5枚の写真を選択中

複数の項目を削除するには、画面左上の「選択」をタップ。写真や動画を複数選択して削除すればいい。

こんなときは?

iPhoneの空き容量をすぐに増やすには

iPhoneの空き容量を増やすには、No064で解説している「最近削除した項目」からも削除する必要がある。iPhoneから完全に削除した写真や動画はもう復元できないので操作は慎重に。

「最近削除した項目」で「選択」をタップし「すべて削除」をタップすると、削除した写真や動画をiPhoneから完全に消去して空き容量を増やせる

アプリ 064

削除した項目は30日以内なら復元可能

間違って削除した写真や動画を復元する

 写真

No063で解説したように、写真アプリでは写真や動画を削除することができるが、操作を間違って大切な写真や動画を削除してしまった場合でも、すぐ元に戻せるので安心してほしい。実は、写真アプリで削除した項目は、30日間別の場所に保管されているのだ。「アルバム」画面から「最近削除した項目」を表示してみよう。過去30日間に削除した項目が表示されるので、ここから復元したいものを選択。「復元」ボタンをタップすれば復元できる。なお、削除から31日経過した項目は完全に削除されて復元できない。

1 最近削除した項目を表示する

Live Photos
ポートレート
パノラマ
タイムラプス
スローモーション
バースト
スクリーンショット

その他

「アルバム」→「最近削除した項目」をタップ

非表示

最近削除した項目   5,248

写真アプリで「アルバム」画面を表示したら、一番下にある「最近削除した項目」をタップしよう。

2 画面右上の「選択」をタップ

最近削除した項目

「選択」をタップ

選択

すると、削除して30日以内の写真や動画が一覧表示される。続けて、画面右上の「選択」をタップしよう。

3 写真や動画を選択して復元する

復元したい写真や動画をタップして選択

削除   「復元」で元に戻す   復元

復元したい写真や動画を選択したら、画面右下の「復元」をタップ。これで元に戻すことができる。

撮影済みの写真を 見栄えよく編集する

 写真

写真アプリには、写真の編集機能も搭載されている。編集したい写真をタップして全画面表示にしたら、画面右上の「編集」ボタンをタップしよう。画面下に3つのボタンが表示され、左から「光と色」、「フィルタ」、「トリミングと回転」の編集が行える。光と色の編集では、「露出」や「ハイライト」、「明るさ」などさまざまな効果を選ぶことができ、それぞれスライダーでレベルを調節することが可能だ。フィルターを使えば、写真の色合いを変更することもできる。イマイチだった写真も、編集次第で見栄えが良くなるので試してみよう。

1 写真アプリで編集を行う

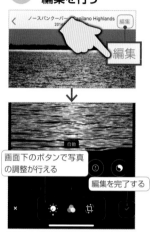

画面下のボタンで写真の調整が行える

編集を完了する

写真アプリで写真を開いたら、画面右上の「編集」をタップ。画面下にある3つのボタンで編集を行おう。

2 写真の光と色を調節する

露出やハイライト、明るさなどの効果を選択できる。下のスライダーでレベルを調節しよう

一番左のボタンでは、写真の光や色を調節可能だ。写真の下のボタンをスワイプして効果を選ぼう。

3 写真のトリミングや回転を行う

トリミング（写真の不要な部分を削除して一部だけ切り抜くこと）したい場合は、写真の四隅に表示された白い枠をドラッグすればいい

一番右のボタンを選択すれば、写真の傾きを自動補正してくれる。トリミングや回転、変形も可能だ。

撮影した動画の 不要な部分を削除する

 写真

iPhoneの写真アプリでは、写真だけでなく動画の編集も行える。たとえば、動画の不要な部分だけを削除するカット編集も簡単だ。まずは写真アプリで目的の動画を開き、画面右上の「編集」をタップしよう。画面下に4つのボタンが表示されるので、一番左のボタンをタップ。タイムラインの左右にあるカーソルをドラッグして動画として残す範囲を決めよう。あとは画面右下のチェックマークをタップすれば編集完了。なお、写真と同じように、光と色の調節やフィルタの適用、トリミングや回転といった各種編集も行える。

1 写真アプリで編集を行う

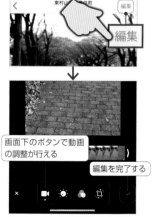

画面下のボタンで動画の調整が行える

編集を完了する

写真アプリで動画を開いたら、画面右上の「編集」をタップ。画面下にある4つのボタンで編集を行おう。

2 ビデオをカット編集する

タイムラインの左右にあるカーソルをドラッグして、残したい範囲を指定しよう

一番左のボタンでは、動画のカット編集が行える。タイムライン部分で残したい範囲を指定しよう。

3 色合いなども変更できる

フィルタからを適用すれば動画の色合いを変更可能

写真と同じように光や色の調節や回転などの編集も行える。白黒にしたい場合などはフィルタを使おう。

アプリ
067

メールやLINEで写真や動画を送る

撮影した写真や動画を
家族や友人に送信する

写真

iPhoneで撮影した写真や動画を、メールやLINEなどで送信したい場合は、写真アプリを使おう。まず、写真アプリで送信したい写真や動画を選択して全画面表示にする。画面左下の共有ボタンをタップすると共有画面が表示されるので、送信するアプリを選択しよう。たとえば、LINEを選択した場合は、送信する相手を選ぶ画面になるので、あとはLINEで送信を行えばOKだ。なお、共有画面のアプリ一覧に目的のアプリが表示されていない場合は、アプリ一覧の「その他」をタップして表示される候補から選ぼう。

1 写真アプリで共有ボタンをタップ

共有ボタンをタップ

まずは、写真アプリで写真や動画を全画面表示にする。画面左下の共有ボタンをタップしよう。

2 送信するアプリを選択する

左右にスワイプして共有するアプリをタップする。上段にはよくやり取りする相手が一覧表示されるので、ここから選んでもよい

共有画面が表示されるので、メールやLINEなどのアプリを選択。あとは各アプリで送信すればOKだ。

操作のヒント

LINEやメッセージの作成画面から送る

LINEやメッセージの作成画面から写真や動画を送信することも可能だ。メッセージの入力欄近くに、写真アプリから選択するためのボタンが用意されている。

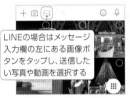

LINEの場合はメッセージ入力欄の左にある画像ボタンをタップし、送信したい写真や動画を選択する

アプリ
068

撮影日時や撮影地、キーワードで検索できる

以前撮った
写真や動画を検索する

写真

iPhoneで撮影した写真や動画は、写真アプリ上で検索することができる。まずは、撮影日時（2019年、夏）や撮影地（東京、ハワイ）で検索してみよう。該当する候補がすぐに一覧表示される。また、「花」や「料理」といった内容でのキーワード検索も可能。撮影した写真や動画は自動的に画像認識が行われており、何が写っているのかまで判別してくれるのだ。なお、人物が写った写真を全画面表示して上にスクロールし、顔認識された「ピープル」から人物に名前を付けておくと、人物名でも検索することができる。

1 写真アプリで検索する

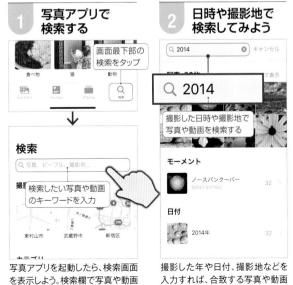

画面最下部の検索をタップ

検索したい写真や動画のキーワードを入力

写真アプリを起動したら、検索画面を表示しよう。検索欄で写真や動画をキーワード検索できる。

2 日時や撮影地で検索してみよう

Q 2014

撮影した日時や撮影地で写真や動画を検索する

モーメント

ノースバンクーバー
2014年9月19日   32

日付

2014年   32

撮影した年や日付、撮影地などを入力すれば、合致する写真や動画がすぐに検索される。

3 キーワードでも検索できる

Q 花

写っている内容でもキーワード検索できる

写真：21枚   すべて表示

モーメント

写真や動画は画像認識されているので、「花」と入力して、花の写真だけを検索することも可能だ。

写真や動画はiCloudでバックアップするのが手軽

大事な写真を
バックアップしておく

 写真

　もし、iPhoneを紛失した場合、端末内にある写真や動画も失ってしまう可能性が高い。そんな事態を避けたいのであれば「iCloud写真」という機能を利用してみよう。本機能を有効にすると、iPhoneで撮影した写真や動画はすべてiCloudというインターネット上の保管スペースに自動でアップロードされ、ほかの端末とも同期されるようになる。そのため、iPhoneをなくしたとしても、写真や動画はiCloudに残せるのだ。ただし、本機能はiCloudの保存容量を消費するため、iPhoneでよく写真や動画を撮影する人だと、無料の保存容量（5GB）では足りなくなってくる。有料で保存容量を増やすことも可能だ。

iCloud写真を有効にして自動でバックアップする

1 設定からiCloud写真を有効にする

まずは、「設定」を開いて一番上のApple ID名をタップ。続けて「iCloud」→「写真」をタップし、「iCloud写真」をオンにしよう。これで撮影した写真や動画がiCloudに自動でアップロードされる。

2 すべての写真と動画がiCloudで同期される

写真アプリを開いたら、「ライブラリ」画面を表示しよう。画面の一番下で進捗状況が分かる。アップロードした写真や動画は同期され、ほかのiPadやMacから見ることもできる。

3 有料のストレージプランを購入する

iCloudは無料で5GBまで使えるが、空き容量が足りないと新しい写真や動画をアップロードできなくなる。どうしても容量が足りない時はiCloudの容量を追加購入しておこう。

 こんなときは?

写真や動画をパソコンにバックアップする

iPhoneで撮影した写真や動画はパソコンにバックアップすることもできる。まずはiPhoneをパソコンに接続して「PC」画面を開こう。iPhoneのアイコンを右クリックしたら、「画像とビデオのインポート」を実行。これでiPhone内に保存されている写真や動画をすべてバックアップできる。

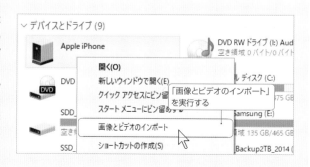

アプリ
070

マップアプリの基本的な使い方

マップで今いる場所の まわりを調べる

 マップ

iPhoneには、地図を表示できるマップアプリが標準搭載されている。端末のGPS機能や各種センサーと連動して、周辺の地図だけでなく、自分の現在地やどの方向を向いているのかなどが即座に表示できるのだ。これなら、初めて訪れる場所でも道に迷うことが少なくなる。また、マップはピンチイン／アウトで直感的に縮小／拡大表示が可能だ。とはいえ、この方法だと両手を使うことになり、片手持ちでの操作には適していない。片手持ちのときは、親指でダブルタップしてからそのまま指を上下して拡大／縮小するといい。

1 マップアプリで 現在地を表示

現在位置を表示

現在位置と向いている方向が表示される

マップアプリを起動して、上で示したボタンをタップしよう。これで現在地周辺のマップが表示される。

2 拡大／縮小して 見たい場所を探す

親指でダブルタップ後に、画面に指を付けたまま上下すると、片手持ちで拡大／縮小が可能だ

ピンチインで縮小、ピンチアウトで拡大表示が可能。また、上記の操作でも拡大縮小ができる。

3 回転表示や 3D表示もできる

3D表示は、ある程度拡大した状態にしてから、2本指で上にスワイプするとできる(一部都市部のみ対応)

2本指を回転させればマップも回転表示が可能。また、2本指で上にスワイプすると3D表示になる。

アプリ
071

住所や施設名で目的の場所を探す

マップでスポットを 検索する

 マップ

マップで目的地を探したい時は、画面下部にある検索欄をタップしよう。主要な施設なら施設名を入力するとその場所がマップ上に表示されるほか、住所や電話番号を入力してその場所を表示することもできる。また近くのコンビニやカフェを探したい時は、「コンビニ」「カフェ」をキーワードに検索してみよう。マップ上に該当するスポットがマークされる。マークをタップすると、画面下部にそのスポットの詳細が表示され、営業時間や電話番号などのほか、食べログと連動した写真やレビューも確認できる。

1 施設名や住所で 検索する

目的の場所が表示される

画面下部の検索欄をタップし施設名や住所を入力すると、その場所がマップ上に表示される。

2 コンビニや カフェを検索する

数字は、近接する複数スポットがまとめて表示された状態だ。マップを拡大すれば各スポットの位置が表示される

「カフェ」や「ラーメン」をキーワードに検索すると、周辺のスポットが一覧表示される。

3 スポットの詳細 を確認する

スポットを選んでタップ

エクセルシオールカフェ水道橋西口店
カフェ・450m
食べログで ★3.1 (27件)

経路
徒歩7分

マップ上のスポットをタップすると詳細情報が表示され、食べログの写真やレビューも確認できる。

072

マップアプリの経路検索を使いこなす

目的地までの道順や所要時間を調べる

 マップ

マップアプリでは、2点間を指定した経路検索が行える。たとえば、現在地から目的地まで移動したいときは、まず目的地をキーワード検索しよう。検索したスポットの詳細画面で「経路」をタップすれば、そのスポットが目的地として設定される。次に、移動手段を「車」、「徒歩」、「交通機関」などから選択。画面下に表示された経路の候補をタップすれば、道順や所要時間などを細かくチェック可能だ。また、経路を選んで「出発」をタップすれば、音声ガイドとともにナビゲーションが開始される。なお、移動手段の選択で「配車サービス」を選ぶと、連携しているタクシー配車アプリをすぐに呼び出すことが可能だ。

マップアプリで経路検索を行う

1 まずは目的地をスポット検索する

まずはマップアプリを起動し、画面下の検索欄をタップ。「六本木駅」など目的地の名前で検索するとマップに該当スポットが表示される。経路検索を行う場合は、画面下の「経路」をタップ。

2 経路検索の移動手段を選ぶ

現在地からの経路検索が行われるので、移動手段を「車」や「徒歩」、「交通機関」などから選択しよう。出発地を現在地以外に変更したり、交通機関の出発や到着時刻を設定したりもできる。

3 ナビゲーションを開始する

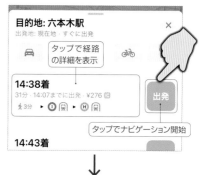

経路の候補は複数表示されることがある。各経路の詳細を確認して好きなものを選ぼう。「出発」をタップすると、画面表示と音声によるナビゲーションが開始される。

お気に入りのスポットを登録する

マップ上で検索またはタップしたスポットは、マイガイドとして登録することができる。マップ上でスポットを選択した状態で、画面下の詳細画面を上にスワイプ。「保存先」をタップして、マイガイドに登録しておこう。登録したマイガイドは、画面下の検索欄を上にスワイプすれば表示できる。

アプリ

YouTubeの動画を全画面で再生しよう

YouTubeで世界中の人気動画を楽しむ

YouTubeをiPhoneで視聴するなら、公式のYouTubeアプリをインストールしよう。上部の虫眼鏡ボタンをタップすれば見たい動画をキーワード検索できる。今、最も人気の動画をチェックしたい場合は、下部メニューの「探索」画面で「急上昇」をタップしてみよう。動画の一覧画面から観たい動画を選べば再生がスタートする。横向きの全画面で動画を大きく再生させたい場合は、全画面ボタンを押してから端末を横向きにしよう。また、Googleアカウントを持っている場合は、ログインして利用するのがおすすめだ。好みに合った動画がホーム画面に表示されたり、お気に入り動画を保存できるなど利点が多い。

観たい動画を検索して全画面表示する

1 観たい動画を検索する

YouTube
作者／Google LLC
価格／無料

タップして観たい動画をキーワード検索する

検索結果から観たい動画をタップ

YouTubeアプリを起動したら、まずは画面右上の虫眼鏡ボタンをタップし、観たい動画をキーワード検索しよう。検索結果から観たいものを選んでタップすれば再生が開始される。

2 再生画面をタップして全画面ボタンをタップ

タップすると全画面再生になる

動画が縦画面で再生される。動画部分を1回タップして、各種ボタンを表示させよう。ここから右下のボタンをタップすれば、横向きの全画面で動画が表示される。

3 全画面で動画が再生される

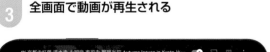

タップで全画面再生を解除

端末を横向きにして動画を楽しもう。元の縦画面に戻す場合は、再度動画をタップしてボタンを表示させ、右下のボタンをタップすればいい。

オススメ操作

動画を再生リストに登録する

Googleアカウントでログインしていれば、動画を再生リストに登録することができる。再生リストに登録したい場合は、動画の再生画面で「保存」をタップしておこう。再生リストは、「ライブラリ」画面の再生リスト一覧から再生することが可能だ。また、動画のチャンネル自体を登録したい場合は「チャンネル登録」をタップ。「登録チャンネル」画面で、各チャンネルの最新動画が視聴できるようになる。

「保存」をタップして、再生リストか「後で見る」に登録しておく

登録した再生リストや「後で見る」は、「ライブラリ」から閲覧できる

アプリ

074

パソコンで音楽CDを取り込んでコピーしよう

CDの音楽を
iPhoneにコピーして楽しむ

🎵 ミュージック

音楽CDをiPhoneにコピーして楽しみたい場合は、CDドライブが搭載されているパソコンが必要になる。ここでは、Windowsパソコンでの手順を紹介しておこう。まずは、パソコン版のiTunesをインストールして起動し、CDの読み込み設定を行っておく。読み込み方法（ファイル形式）は「AACエンコー

ダ」に、設定（ビットレート）は「iTunes Plus」にしておくのがオススメ（Androidなどでも曲を楽しみたいなら読み込み方法は「MP3」にしておく）。音楽CDをiTunesで取り込んだら、曲ファイルをiPhoneに転送しよう。あとは、iPhoneのミュージックアプリで転送した曲を再生させればOKだ。

iTunesをインストールして音楽CDを読み込む

1 iTunesをパソコンに インストールしておく

Apple iTunes
https://www.apple.com/jp/itunes/

まずはパソコンにiTunesをインストールしておこう。パソコン版のiTunesは上記のApple公式サイトからダウンロードできる。なおMacの場合は、標準搭載されている「ミュージック」アプリで取り込むことが可能だ。

2 iTunesを起動したら CD読み込み時の設定を行う

iTunesを起動したら、メニューから「編集」→「環境設定」で設定画面を表示。「読み込み設定」ボタンからCD読み込み時の読み込み方法を設定しておこう。

3 CDドライブに音楽CDを入れて 読み込みを実行しよう

iTunesを起動したまま、音楽CDをパソコンのCDドライブにセットしよう。iTunesが反応して、CDの曲情報などが表示される。「～をiTunesライブラリに読み込みますか？」で「はい」を選択すれば読み込みが開始される。

4 音楽CDの 読み込みが終わるまで待つ

読み込みには少し時間がかかるのでしばらく待っておこう。なお、読み込みが完了した曲には曲名の横に緑色のチェックマークが付く。

読み込んだ曲をiPhoneに転送して再生させる

1 パソコンにiPhoneを接続して読み込んだ曲をライブラリ画面から探す

「ミュージック」→「ライブラリ」→「最近追加した項目」とクリックして、読み込んだ曲を探す

iPhoneとパソコンを接続したらiTunes（Macでは「ミュージック」）を起動。続けて、「ミュージック」→「ライブラリ」→「最近追加した項目」をクリックし、先ほど読み込んだアルバムや曲を探そう。

2 iPhoneに曲をドラッグ&ドロップして転送する

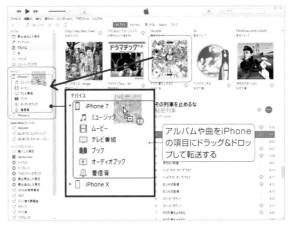

アルバムや曲をiPhoneの項目にドラッグ&ドロップして転送する

アルバムや曲を選択したら、画面左端の「デバイス」欄で表示されているiPhoneの項目にドラッグ&ドロップしよう。これで曲が転送される。

3 プレイリストなどを選択してiPhoneに転送することもできる

チェックして同期するプレイリストなどを選択

iTunes（MacではFinder）でiPhoneの管理画面を開き、「ミュージック」→「ミュージックを同期」にチェックすると、プレイリストやアーティストを選択して、iPhoneと同期させることもできる。

4 iPhoneのミュージックアプリで曲を再生する

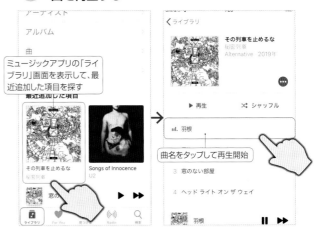

ミュージックアプリの「ライブラリ」画面を表示して、最近追加した項目を探す

曲名をタップして再生開始

あとはiPhoneでミュージックアプリを起動。ライブラリ画面でiTunesから転送したアルバムや曲を探して再生させよう。

こんなときは?

Apple Music登録時はiCloud経由でライブラリを同期する

Apple Music（No076参照）に登録している場合、iPhoneの「設定」→「ミュージック」→「ライブラリを同期」を有効にすると、iCloud経由でミュージックライブラリを同期することができる。このとき、上で解説している転送方法は使えなくなるので要注意。iCloud経由で曲をiPhoneと同期するには、iTunesでApple IDのサインインを済ませて、「編集」→「環境設定」→「一般」→「iCloudミュージックライブラリ」（Macでは「ミュージック」→「環境設定」→「一般」→「ライブラリを同期」）にチェックすればよい。すべての曲やプレイリストがiCloudにアップロードされ、iPhoneでも再生できるようになる。いちいちiPhoneをパソコンにケーブル接続して曲を転送しなくて済むので便利だ。

「iCloudミュージックライブラリ」を有効にする

iTunes内のライブラリやApple Musicからダウンロードした曲がiCloud経由で同期される

標準の音楽プレイヤーの基本的な使い方

ミュージックアプリで 音楽を楽しむ

♫ ミュージック

iPhoneに搭載されているミュージックアプリでは、パソコンから転送した曲やiTunes Storeで購入した曲、Apple Music（No076）でライブラリに追加した曲を再生させることができる。ミュージックアプリで音楽を再生させた場合、ホーム画面に戻っても再生は続き、ほかのアプリで作業をしながら

音楽を楽しむことも可能だ。ミュージックアプリの画面下部には、現在再生中の曲が表示される。ここをタップすると、再生画面が表示され、再生位置の調整や一時停止などの再生コントロールなどが行える。歌詞表示に対応している曲なら、カラオケのように歌詞を表示しなら曲を再生させることも可能だ。

ミュージックアプリで曲を再生する

1 ミュージックアプリで ライブラリを表示

まずはミュージックアプリを起動しよう。画面下の「ライブラリ」をタップしたら、「アーティスト」や「アルバム」、「曲」などから再生したいアルバムや曲を探し出す。

2 アルバムや 曲を再生する

アルバムや曲を表示したら、「再生」ボタンか曲名をタップしよう。これで再生が始まる。現在再生している曲は、画面下に表示され、この部分をタップすると再生画面が表示される。

3 再生画面の操作を 把握しておこう

再生画面では、曲の再生位置調整や一時停止などが可能だ。また、歌詞表示に対応していれば、曲を流しながら歌詞を表示することもできる。

iTunes Storeで 曲を購入する

iTunes Storeアプリでは、アルバムや曲を個別にダウンロード購入することが可能だ。Apple Music（No076）に登録している人はあまり使うことがないかもしれないが、Apple Musicでは配信されていないアーティストの曲なども入手できるので、ぜひチェックしてみよう。

アプリ

076

最新のヒット曲から往年の名曲まで聴き放題

Apple Musicを無料期間で試してみよう

🎵 ミュージック

Apple Musicとは、月額制の音楽聴き放題サービスだ。約6,000万曲の音楽をネット経由でストリーミング再生、もしくは端末にダウンロードしてオフライン再生することができる。個人ユーザーなら利用料金に月額980円（税込）かかるが、初めて登録するユーザーであれば最初の3ヶ月だけ無料でお試し

が可能。Apple Musicに登録したら、ミュージックアプリの「今すぐ聴く」や「見つける」から曲を探してみよう。なお、「今すぐ聴く」は自分好みの音楽やアーティストなどをApple Musicの中からピックアップしてくれる機能だ。これは、再生履歴の傾向などで判断される。

ミュージックアプリでApple Musicの曲を探してみよう

1 Apple Musicに登録する

Apple Musicを3ヶ月無料で使う場合は、まず「設定」→「ミュージック」で「Apple Music」をオンにしておき、「Apple Musicに登録」をタップ。「無料で開始」で購入手続きをしておこう。

2 Apple Musicの曲を探そう

Apple Music登録時にいくつかの質問に答えたら、ミュージックアプリを起動。画面下にある「検索」をタップして、好きなアーティストを検索してみよう。

3 Apple Musicの曲をライブラリに追加する

「設定」→「ミュージック」→「ライブラリを同期」をオンにしておくと、Apple Musicの曲を「追加」や「＋」ボタンでライブラリに追加したり、ダウンロードできるようになる。

こんなときは？

Apple Musicを解約する

Apple Musicの無料期間が終了すると、自動的に月額980円の課金が開始される。無料期間だけで利用を停止したい場合は、「設定」の一番上にあるApple ID名をタップし、「サブスクリプション」→「Apple Musicメンバーシップ」→「無料トライアルをキャンセル」をタップ。

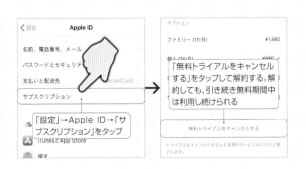

定番コミュニケーションアプリを使おう

LINEを
はじめよう

 アプリ

日本国内だけでも8,000万人以上のユーザーが利用する、定番コミュニケーションアプリ「LINE」。LINEユーザー同士なら、多彩なスタンプを使ってメッセージをやり取りしたり、無料で音声通話やビデオ通話を楽しめる。また、QRコード決済の「LINE Pay」も利用可能だ。友人知人との連絡にはもはや必須と言えるアプリなので、まずはアカウントの登録方法と、友だちの追加方法を知っておこう。なお、機種変更などで以前のアカウントを使う場合は、新しい機種に移行した時点で、元の機種ではLINEが使えなくなるので注意しよう。基本的に、LINEは1つのアカウントを1機種でしか使えない。

LINEを起動して電話番号認証を行う

 1 LINEを起動して
はじめるをタップ

 2 電話番号を確認し
矢印をタップ

3 SMSで届いた認証
番号を入力する

まずは、App StoreでLINEアプリをインストールする。インストールが済んだら、LINEをタップして起動し、「新規登録」をタップしよう。

この端末の電話番号が入力された状態になるので、右下の矢印ボタンをタップしよう。すると、SMSの送信画面が表示されるので、「送信」をタップする。

メッセージアプリにSMSで認証番号が届く。記載された6桁の数字を入力しよう。SMSが届くと、キーボード上部に認証番号が表示されるので、これをタップして入力してもよい。

 操作のヒント

**ガラケーや固定電話
の番号でアカウント
を新規登録する**

LINEアカウントを新規登録するには、以前はFacebookアカウントでも認証できたが、現在は電話番号での認証が必須となっている。ただ、データ専用のSIMなどで電話番号がなくとも、別途ガラケーや固定電話の番号を用意できれば、その番号で認証して新規登録することが可能だ。

LINEアカウントを新規登録する

1 アカウントを 新規登録する

LINEを新しく始めるには、「アカウントを新規登録」をタップしよう。なお、以前のアカウントを引き継ぎたいなら、「アカウントを引き継ぐ」をタップすれば移行できる。

2 プロフィール名や パスワードを登録

LINEで表示する名前を入力し、右下の矢印ボタンをタップ。カメラアイコンをタップすると、プロフィール写真も設定できる。続けてパスワードを設定し、右下の矢印ボタンをタップ。

3 友だち追加設定は オフにしておく

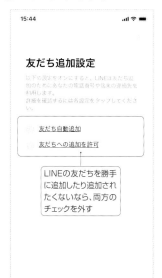

「友だち自動追加」は、自分の電話帳に登録している人がLINEユーザーである時に、自動的に自分の友だちとして追加する機能。「友だちへの追加を許可」は、相手の電話帳に自分の電話番号が登録されている時に、「友だち自動追加」機能や電話番号検索で相手の友だちに追加されることを許可する機能。プライベートと仕事を分けてLINEを使うなら、両方オフにしておこう。

LINEに友だちを追加する

1 LINEに友だちを 追加するには

友だちを追加するには、ホーム画面右上の友だち追加ボタンをタップすればよい。SMSやメールでの招待、QRコードのスキャン、IDや電話番号の検索で友だちを追加できる。

2 QRコードで スキャンして追加

「QRコード」をタップすると、相手のQRコードをスキャンして友だちに追加できる。自分のQRコードを読み取ってもらう場合は、「マイQRコード」をタップ。共有ボタンから、QRコードをメールなどで送信することもできる。

3 友だちのIDや電話 番号で追加する

「検索」をタップすると、相手のLINE IDや電話番号を検索して友だちに追加できる。ただし、知らない人でも手当たり次第に電話番号やIDを検索して友だち追加できてしまうので、気になるなら機能を無効にしておこう。「設定」→「プロフィール」→「IDによる友だち追加を許可」をオフにすれば他のユーザーにID検索されなくなり、「設定」→「友だち」→「友だちへの追加を許可」をオフにすれば電話番号で検索されなくなる。

スタンプやグループトークの使い方も知っておこう

LINEでメッセージを
やり取りする

 アプリ

　LINEのユーザー登録を済ませたら、まずは友だちとのトークを楽しもう。会話形式でメッセージをやり取りしたり、写真や動画を送ったりすることができる。また、LINEのトークに欠かせないのが、トーク用のイラスト「スタンプ」だ。テキストのみだと味気ないやり取りになりがちだが、さまざまなスタンプを使うことで、トークルームを楽しく彩ることができる。トークの基本的な使い方と共に、スタンプショップでのスタンプの購入方法や、スタンプの使い方を知っておこう。あわせて、1つのトークルームを使って複数のメンバーでやり取りできる、グループトークの利用方法も紹介する。

友だちとトークをやり取りする

1 友だちを選んで「トーク」をタップ

友だちとメッセージをやり取りしたいなら、まず「ホーム」画面で友だちを選んでタップし、表示される画面で「トーク」をタップしよう。

2 メッセージを入力して送信する

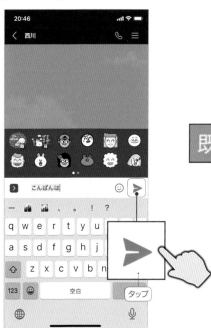

友だちとメッセージをやり取りできるトークルームが表示される。メッセージを入力し、右端のボタンで送信しよう。入力欄左の「>」をタップすると、画像や動画も送信できる。

3 会話形式でやり取りできる

自分が送信したメッセージは緑のフキダシで表示され、友だちがメッセージを読むと、「既読」と表示される。

こんなときは?

**写真や動画を
送信する**

LINEでは、写真や動画を送信することも可能だ。入力欄左にある画像ボタンをタップすると、iPhoneに保存された写真や動画を選択できる。隣のカメラボタンで、撮影してから送ってもよい。また、写真や動画をタップすると、簡単な編集を加えてから送信することもできる。

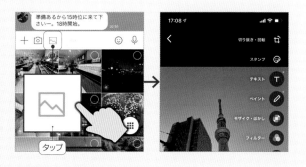

スタンプの買い方、使い方

1 スタンプショップでスタンプを探す

タップ

サービス

オープンチャット　スタンプ　着せかえ　GAME

LINEギフト　LINE CARNAVI

「チコちゃんに叱られる!」...　TVアニメ「鬼滅の刃」　いらすとや カスタムスタンプ　秋冬♡・やさ

人気公式スタンプ

スヌーピーいろ　　　と使える大　TVアニ

LINEのトークに欠かせない「スタンプ」を入手するには、まず「ホーム」画面の「スタンプ」をタップ。スタンプショップで、使いたいスタンプを探し出そう。

2 有料スタンプはLINEコインが必要

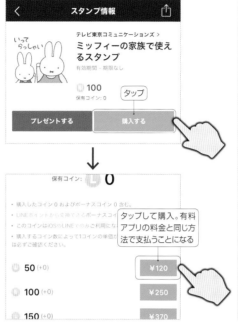

スタンプ情報

テレビ東京コミュニケーションズ ›
ミッフィーの家族で使えるスタンプ
有効期間 - 期限なし

100
保有コイン: 0　タップ

プレゼントする　　購入する

保有コイン: 0

・購入したコイン 0 およびボーナスコイン 0 含む。
・LINEポイントから交換できるボーナスコイ
・このコインはiOSのLINEでのみ利用にな
・購入するコイン数によって1コインの単価が は必ずご確認ください。

タップして購入。有料アプリの料金と同じ方法で支払うことになる

50 (+0)　¥120
100 (+0)　¥250
150 (+0)　¥370

有料スタンプの購入時は、「LINEコイン」のチャージが求められる。必要なコイン数の金額部分をタップすれば、有料アプリを購入するのと同じような手順でLINEコインを購入できる。

3 トーク画面でスタンプを利用する

17:25
‹4 たろー

1:47

0:36

今日

おつかれさまです

タップ

スタンプのダウンロードが完了したら、トーク画面の入力欄右にある顔文字ボタンをタップ。購入したスタンプが一覧表示されるので、イラストを選択して送信ボタンで送信しよう。

グループを作成して複数メンバーでトークする

1 ホーム画面でグループをタップ

友だち　公式アカウント　サービス　スタンプ　着せかえ

グループ

グループ作成
友だちとグループを作成します。

オープンチャ　タップ　みよう。
いろんな人とわ

友だち 1

最近トークした友だち

西川

招待する友だちを選択

友だち 4

西川

山田明子

LINEノベル

グループを作成するには、まず「ホーム」画面で「グループ作成」をタップし、グループに招待する友だちを選択して「次へ」をタップする。

2 グループ名を付けて作成をタップ

22:52
プロフィールを設定　作成

ライター会

メンバー

作成

追加　井口健二　山田明子　西川　タップ

グループ名を付けて右上の「作成」をタップすると、グループを作成できる。プロフィール画像を変更したり、「追加」ボタンで他のメンバーを追加することも可能だ。

3 参加メンバーでグループトーク

22:55
‹ ライター会 (3)

今日

22:54
山田明子が参加しました。

おつかれさま

西川　22:54

ぺこりん

22:54

山田明子
ありがとうございます　22:54

招待されたメンバーは、「参加」をタップするとグループトークに参加できる。参加するまでグループトークの内容は閲覧できず、参加前のメンバーのやり取りも読むことはできない。

アプリ

079

友達と無料で音声通話やビデオ通話が可能

LINEで無料通話を利用する

アプリ

　LINEを使えば、無料で友だちと音声通話やビデオ通話を行うことが可能だ。電話回線の代わりにインターネット回線を使うため、通話料はかからない。また通話中の通信量も、音声通話なら10分で3MB程度しか使わない。ビデオ通話だと10分で51MBほど使うので、ビデオ通話はWi-Fi接続中に利用した方がいいだろう。LINE通話中は、通常の電話と同じようにミュートやスピーカーフォンを利用でき、ホーム画面に戻ったり他のアプリを使っていても通話は継続する。不在着信の履歴などはトーク画面で確認できる。

1 友だちにLINE通話をかける

友だちのプロフィールを開くか、トーク画面上部の受話器ボタンをタップし、「無料通話」をタップ。

2 かかってきたLINE通話を受ける

タップしてLINE通話に出る

LINE通話の受け方は電話と同じ。応答ボタンをタップするか、スリープ中はスライダーを右にスワイプ。

3 通話中の画面と操作

赤い受話器ボタンをタップすると通話を終了する

通話画面のボタンで、ミュートやビデオ通話の切り替え、スピーカー出力などが可能だ。

アプリ

080

今日や明日の天気を素早く確認しよう

最新の天気予報をiPhoneでチェック

アプリ

Yahoo!天気
作者／Yahoo Japan Corp.
価格／無料

　「Yahoo!天気」は、定番の天気予報アプリだ。アプリを起動すれば、現在地の天気予報がすぐに表示される。「地点検索」で地点を追加しておけば、好きな地点の天気予報もすぐにチェック可能。また、メニューを表示すれば、落雷や地震、台風などの最新情報も確認できる。防災にも役立つので、普段から使いこなしておこう。

1 天気予報を確認する

今日と明日、明後日の天気

17日分の天気予報

アプリを起動すると、現在位置の天気予報が表示される。画面下では17日分の天気予報もチェック可能だ。

2 雨雲レーダーをチェックする

画面下のスライダーで表示する時間を変更可能。雨雲の位置を正確に判断できるので、ゲリラ豪雨にも対応できる

画面下の「雨雲」をタップすれば、雨雲レーダーを確認可能だ。どの地点に雨が降っているかがわかる。

3 地震情報なども表示できる

「メニュー」→「地震」で、地震に関する最新情報をチェックできる

右下の「メニュー」をタップすると、落雷や地震、台風など、最新の天気や防災情報を確認できる。

081

本体操作

さまざまな機能を呼び出せる便利なボタン
アプリの「共有ボタン」を
しっかり使いこなそう

iPhoneのアプリに搭載されている「共有ボタン」。タップするとメニューが表示され、便利な機能を利用できる。iPhoneでは、写真やWebサイトなどのデータを家族や友人に知らせることを「共有する」と言い、「送信する」に近い意味で使われる。写真やWebサイトに限らず、おすすめのYouTube動画やTwitterで話題の投稿、地図の位置情報、乗換案内の検索結果など、ありとあらゆる情報を共有できる。共有したいデータを開いたら、共有ボタンをタップして共有方法や送信先を選択しよう。また、データの送信以外にも、コピーや複製などの機能も共有ボタンから利用できる。

使いこなしPOINT

共有ボタンを利用する

1 メニューから 共有方法を選択

このボタンをタップし、共有メニューで送信方法を選択。ここではメールを選択。「その他」でさらに多くの選択肢を表示できる

Safariで見ているサイトを友人や家族に教えたい場合、画面下の共有ボタンをタップする。共有メニューで送信手段を選ぼう。

2 共有手段のアプリで データを送信する

選択したアプリ（ここではメール）が起動する。宛先を入力して送信しよう。なお、よく送信している相手や送信手段は共有メニュー上部に表示され、すぐに選択できるようになる。

共有メニューの さまざまな機能

共有メニューには、その他にもさまざまなメニューが表示される。項目はアプリによって異なる。Safariの場合は、URLのコピーやブックマークへの追加などを行える。

コピー	📋
リーディングリストに追加	∞
ブックマークを追加	📖
お気に入りに追加	☆
ページを検索	🔍
ホーム画面に追加	⊞
マークアップ	Ⓐ
プリント	🖨

各種アプリでの 共有方法

アプリによっては、共有ボタンのデザインやメニューが異なるが、送信手段のアプリを選んで送信先を選択するという操作手順は変わらない。ここではYouTubeとGoogleマップの共有方法を紹介する。

YouTubeの動画再生画面で「共有」ボタンをタップすれば、メールやLINE、Twitterで動画を紹介できる

Googleマップでスポットを選択し「共有」をタップすれば、位置情報を送信可能。受け取った側がGoogleマップで同じ場所を確認できる

アプリ

082

iPhoneをタッチしてピッと支払う

Apple Payの
設定と使い方

 Wallet

　「Apple Pay」は、iPhoneをかざすだけで、電車やバスに乗ったり、買い物ができるサービスだ。「Wallet」アプリにSuicaやPASMO、クレジットカードを登録することで、改札や店頭のカードリーダー部に、iPhone本体をタッチしてピッと支払えるようになる。SuicaとPASMOの場合は、駅の改札は

もちろん対応したコンビニなどで利用でき、あらかじめチャージしておいた残高から支払う。クレジットカードの場合は、「iD」または「QUICPay」という電子マネーの支払いに対応した店で使え、その請求をクレジットカードで支払う。iDとQUICPayのどちらが使えるかは、登録したクレジットカードによって異なる。

Apple Payの基本的な使い方

1 「Wallet」アプリに
カードを登録しておく

Apple Payは、最初からインストールされている「Wallet」アプリに、手持ちのSuicaやクレジットカードを登録することで利用できるようになる。「+」をタップして、右ページの手順通り登録を済ませよう。

2 iPhoneをタッチして
支払いを済ませる

SuicaやPASMOを駅やバスで使う時は、チャージ残高があれば改札にタッチするだけで通過できる。店舗で使う時は、店員に「Suicaで」、あるいは「PASMOで」「iDで」「QUICPayで」と支払い方法を伝えて、iPhoneをかざして支払おう。

クレジットカードは直接カード払いができ、「iD」または「QUICPay」という電子マネーで支払い、その請求をクレジットカードで決済するようになっている。登録したクレジットカードが対応する電子マネーは、「iD」または「QUICPay」のロゴで判断できる

WalletアプリにSuicaやクレジットカードを追加する

1 登録するカードの種類を選択

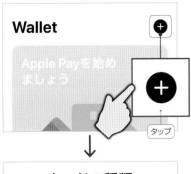

タップ

カードの種類

Apple Payに追加するカードの種類を選択。

クレジットカードかPASMOやSuicaを選択

支払い
| | クレジットカード等 | > |

交通機関
| | PASMO | > |
| | Suica | > |

「Wallet」アプリを起動して「+」をタップ。「続ける」をタップすると、追加するカードの選択画面が表示される。「クレジットカード等」か「PASMO」「Suica」をタップしよう。

2 クレジットカードを登録する

〈戻る　　　　　　　次へ

カード詳細
カード情報を確認してください。

名前

カード番号

クレジットカードの場合は、カードをカメラで読み取ると、カード番号や名前が自動入力される。あとは有効期限やセキュリティコードを入力し、SMSなどで認証を済ませれば登録完了。

3 Wallet内でSuicaやPASMOを発行する

15:47

〈戻る　　　　　　　追加

金額を選択
「追加」をタップしてSuicaやPASMOを新規発行する。ただし、発行時に金額をチャージする必要があるので、あらかじめクレジットカードを登録しておく必要がある。また、VISAカードの場合は、Wallet内でSuicaとPASMOをチャージできないため、Suicaの新規発行やチャージは別途「Suica」「PASMO」アプリをインストールして行おう

¥1,000	¥3,000	¥5,000
1	2	3
4	5	6
7	8	9
	0	⌫

SuicaやPASMOの場合は、「Suica」「PASMO」をタップして金額を入力し、「追加」をタップすれば新規発行できる。あらかじめ、チャージに利用するクレジットカードをWalletに登録しておく必要がある。

4 SuicaやPASMOのカードを登録する

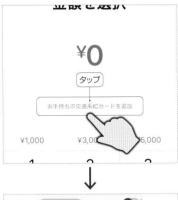

金額を選択

¥0

タップ

お手持ちの交通系ICカードを追加

¥1,000　　¥3,00　　5,000

iPhoneの上部を、SuicaやPASMOのカードの上に置いて読み取る

カードを転送

すでに持っているプラスチックカードのSuicaやPASMOをWalletに追加するには、「お手持ちの交通系ICカードを追加」をタップし、画面の指示に従ってiPhoneでカードを読み取ればよい。

5 Apple Payが使えるようになった

5:58

Wallet

Rakuten

カードの表示順はドラッグで入れ替えが可能

ANA　　　搭乗日 10/21　搭乗口 ---
　　　　　残高 ¥0

 App Store & iTunes

クレジットカードを複数登録した場合は、一番手前のカードがメインの支払いカードになる。別のカードをメインカードにしたい時は、ドラッグして表示順を入れ替えよう。

17:01

リーダーにかざしてください

iDやQUICPayで支払うには、ホームボタンのない機種の場合、電源ボタンをダブルクリックし、iPhoneに視線を向けてFace IDで顔認証したら、カードリーダーにiPhoneをかざす。ホームボタンのある機種の場合、ホームボタンに指を乗せて指紋を認証させ、カードリーダーにiPhoneをかざす。「完了」と表示されたら支払いは完了

 App Store & iTunes　　残高 ¥1,500

083

 アプリ

QRコードを読み取るタイプのスマホ決済

話題のQRコード決済を使ってみよう

iPhoneだけで買い物する方法としては、No082の「Apple Pay」の他に、「QRコード決済」がある。いわゆる「○○ペイ」がこのタイプで、各サービスの公式アプリをインストールすれば利用できる。あらかじめ銀行口座やクレジットカードから金額をチャージし、その残高から支払う方法が主流だ。店舗

での支払い方法は、QRコードやバーコードを提示して読み取ってもらうか、または店頭のQRコードを自分で読み取る。タッチするだけで済む「Apple Pay」と比べると支払い手順が面倒だが、各サービスの競争が激しくお得なキャンペーンが頻繁に行われており、比較的小さな個人商店で使える点がメリットだ。

PayPayの初期設定を行う

1 電話番号などで新規登録

PayPay
作者／PayPay
Corporation
価格／無料

PayPay利用規約, PayPay残高利用規約, 資金決済法表示, プライバシーポリシー

タップ

上記に同意して新規登録

ここではPayPayを例に利用法を解説する。PayPayアプリのインストールを済ませて起動したら、電話番号か、またはYahoo! JAPAN IDやソフトバンク・ワイモバイルのIDで新規登録しよう。

2 SMSで認証を済ませる

SMS認証

SMSで届いた認証コードを入力してください

090-0000-0000 に送信しました

KL -

認証コードに記載の2文字のアルファベットを確

電話番号で新規登録した場合は、メッセージアプリにSMSで認証コードが届くので、入力して「認証する」をタップしよう。

PayPayにチャージして支払いを行う

1 電話番号などで新規登録

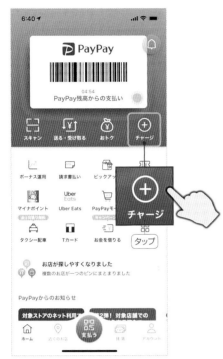

PayPayを使ってスマホ決済するには、まずPayPayに残高をチャージしておく必要がある。メイン画面のバーコード下にある、「チャージ」ボタンをタップしよう。

2 チャージ方法を追加してチャージ

「チャージ方法を追加してください」をタップし、銀行口座などを追加したら、金額を入力して「○○○円チャージする」をタップ。セブン銀行ATMで現金チャージも可能だ。

3 店側にバーコードを読み取ってもらう

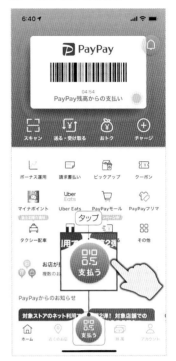

PayPayの支払い方法は2パターン。店側に読み取り端末がある場合は、ホーム画面のバーコードか、または「支払う」をタップして表示されるバーコードを店員に読み取ってもらおう。

4 店のバーコードをスキャンして支払う

店側に端末がなくQRコードが表示されている場合は、「スキャン」をタップしてQRコードを読み取り、金額を入力。店員に金額を確認してもらい、「支払う」をタップすればよい。

5 PayPayの支払い履歴を確認する

「残高」をタップすると、PayPayの利用明細が一覧表示される。タップすると、その支払の詳細を確認できる。還元されるポイントもこの画面で確認可能だ。

6 個人送金や割り勘機能を使う

PayPayは他にもさまざまな機能を備えている。「送る」「受け取る」ボタンで友だちとPayPay残高の個人送金ができるほか、「わりかん」でPayPayユーザー同士の割り勘も可能だ。

084

140文字のメッセージで世界中とゆるくつながる

Twitterで友人の日常や世界のニュースをチェック

 アプリ

Twitterとは、一度に140文字以内の短い文章（「ツイート」または「つぶやき」と言う）を投稿できるソーシャル・ネットワーキング・サービスだ。Twitterは誰かが投稿したツイートを読んだり返信するのに承認が不要という点が特徴で、気に入ったユーザーを「フォロー」しておけば、そのユーザーのツイートを自分のホーム画面に表示させて読むことができる。基本的に誰でもフォローできるので、好きな著名人の近況をチェックしたり、ニュースサイトの最新ニュースを読めるほか、今みんなが何を話題にしているかリアルタイムで分かる即時性の高さも魅力だ。

Twitterアカウントを作成する

1 新しいアカウントを作成する

 Twitter
作者／Twitter, Inc.
価格／無料

Twitterアプリを起動したら、「アカウントを作成」をタップする。すでにTwitterアカウントを持っているなら、下の方にある「ログイン」をタップしてログインしよう。

2 電話番号かメールアドレスを入力

名前と電話番号でアカウントを作成。電話番号を使いたくなければ、「かわりにメールアドレスを登録する」をタップし、メールアドレスを入力しよう。

3 認証コードを入力する

登録した電話番号宛てのSMS（メッセージアプリに届く）や、メールアドレス宛てに届いた認証コードを入力して「次へ」をタップ。あとは、パスワードやプロフィール画像などを設定していけば、アカウント作成が完了する。

 設定ポイント

好きなユーザー名に変更するには

Twitterアカウントを作成すると、自分で入力したアカウント名の他に、「@abcdefg」といったランダムな英数字のユーザー名が割り当てられる。このユーザー名は、Twitterメニューの「設定とプライバシー」→「アカウント」→「ユーザー名」で、好きなものに変更可能だ。

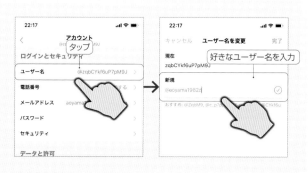

Twitterの基本的な使い方

1 気になるユーザーをフォローする

好きなユーザーのツイートを自分のホーム画面（タイムライン）に表示したいなら、ユーザーのプロフィールページを開いて、「フォローする」をタップしよう。

2 ツイートを投稿する

画面右下の丸いボタンをタップすると、ツイートの作成画面になる。140文字以内で文章を入力して、「ツイートする」をタップで投稿しよう。画像などの添付も可能だ。

3 気に入ったツイートをリツイートする

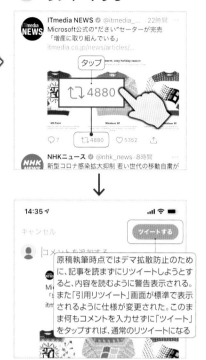

原稿執筆時点ではデマ拡散防止のために、記事を読まずにリツイートしようとすると、内容を読むように警告表示される。また「引用リツイート」画面が標準で表示されるように仕様が変更された。このまま何もコメントを入力せずに「ツイート」をタップすれば、通常のリツイートになる

気になるツイートを、自分のフォロワーにも読んでほしい時は、「リツイート」で再投稿しよう。ツイートの下部にある矢印ボタンをタップし、何もコメントを入力せずにそのまま投稿すればよい。

4 コメントを追記して引用リツイートする

ツイートに対しての自分の意見をフォロワーに伝えたい時は、リツイートボタンをタップして、コメントを追記した上でツイートしよう。このようなリツイートを「引用リツイート」と言う。

5 ツイートに返信（リプライ）する

ツイートの下部にある吹き出しボタンをタップすると、このツイートに対して返信（リプライ）を送ることができる。返信ツイートは、自分のフォロワーからも見られる。

6 気に入ったツイートを「いいね」する

気に入ったツイートは、下部のハートボタンをタップして「いいね」しておこう。自分のプロフィールページの「いいね」タブで、いいねしたツイートを一覧表示できる。

085

 アプリ

"インスタ映え"する写真や動画を楽しむ

有名人と写真でつながる Instagramをはじめよう

Instagramは、写真や動画に特化したソーシャル・ネットワーキング・サービスだ。Instagramに投稿するのに見栄えがする風景や食べ物を指す、「インスタ映え」という言葉が流行語にもなったように、テキスト主体のTwitterやFacebookと違って、ビジュアル重視の投稿を楽しむのが目的のサービスだ。

また、多数の芸能人やセレブが利用しており、普段は見られない舞台裏の姿などを楽しめるのも魅力だ。自分が写真や動画を投稿する際は、標準のフィルター機能などを使って、インスタ映えする作品にうまく仕上げて投稿してみよう。

Instagramに投稿された写真や動画を見る

1 新しいアカウントを作成する

Instagram
作者／Instagram
価格／無料

Instagramアプリを起動したら、「新しいアカウントを作成」でアカウントを作成する。すでにInstagramアカウントがあるかFacebookでログインするなら、「ログイン」からログインしよう。

2 気になるユーザーをフォローする

キーワード検索などで気になるユーザーを探し、プロフィール画面を開いたら、「フォローする」をタップしておこう。このユーザーの投稿が、自分のフィード(ホーム)画面に表示される。

3 写真や動画にリアクションする

左から、いいね、コメント、ダイレクトメッセージ、お気に入り保存

フィード画面に表示される写真や動画には、下部に用意されたボタンで、「いいね」したり、コメントを書き込んだり、お気に入り保存しておくことができる。

操作のヒント

Instagramに写真や動画を投稿する

自分で写真や動画を投稿するには、上部の「+」ボタンをタップする。写真や動画を選択すると、「フィルター」で色合いを変化させたり、「編集」で傾きや明るさを調整できる。加工を終えたら、写真や動画にキャプションを付けて、「シェア」ボタンでアップロードしよう。

タップして写真や動画を選択

→

「フィルター」や「編集」で加工して投稿できる

アプリ

086

目的の駅までの最適なルートがわかる

電車移動に必須の 乗換案内アプリ

 アプリ

電車やバスをよく使う人は、乗換案内アプリ「Yahoo!乗換案内」を導入しておこう。出発地点と到着地点を設定して検索すれば、最適な経路をわかりやすく表示してくれるので便利だ。経路の運賃はもちろん、発着ホームの番号や乗り換えに最適な乗車位置などもチェック可能。これなら初めて訪れる地域へ

の出張や旅行でも、スムーズに乗り換えができる。また、目的の駅に到着した際にバイブで通知したり、ルートの詳細画面をスクリーンショットして他人に送信したりなど、便利な機能も満載（一部の機能はYahoo! JAPAN IDでのサインインが必要）。現代人には必須とも言えるアプリなので使いこなしてみよう。

Yahoo!乗換案内で経路検索を行う

1 出発と到着地点を設定して検索する

Yahoo!乗換案内
作者／Yahoo Japan Corp.
価格／無料

乗換案内を行うには、まず「出発」と「到着」の地点を設定しよう。地点の指定は、駅名だけでなく住所やスポット名でもOKだ。「検索」ボタンをタップすると経路検索が実行される。

2 目的地までのルート候補が表示される

検索されたルートが表示される。「時間順」や「回数順」、「料金順」で並べ替えつつ、最適なルートを選ぼう。「1本前／1本後」ボタンでは、1本前／後の電車でのルート検索に切り替わる。

3 ルートの詳細を確認しよう

検索結果のルート候補をタップすると、詳細が表示される。乗り換えの駅や発着ホームなどもチェックできるので便利だ。「ガイド・アラーム」で到着時にバイブで通知させることもできる。

 オススメ操作

検索結果の
スクリーンショットを
LINEで他人に送る

乗換案内の経路検索結果を家族や友人に送信したいときは、スクリーンショット機能を使うと便利だ。まずは検索結果の詳細画面を表示して、画面上部の「スクショ」ボタンをタップ。すると、検索結果が画像として写真アプリに保存される。「LINEで送る」をタップすれば、そのままLINEで送信可能だ。

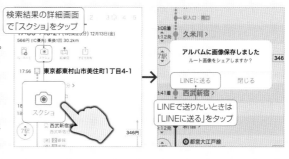

0 7 9

アプリ

087

政治からエンタメまで最新情報が満載

あらゆるジャンルの最新ニュースをチェック

 アプリ

Yahoo!ニュース
作者／Yahoo Japan Corp.
価格／無料

「Yahoo!ニュース」は、国内外のニュース記事が読めるアプリだ。記事は「主要」や「経済」、「エンタメ」などカテゴリごとにタブで分かれているので、まずは読みたいタブを選択。あとは記事のタイトルをタップすれば内容が表示される。ユーザーによるコメント投稿機能もあり、記事が多くの人にどう受け止められているかもわかる。

1 ニュースの カテゴリを選ぶ

カテゴリを選んで読みたい記事をタップ

アプリを起動したら、画面最上部のタブでニュースのカテゴリを選び、読みたい記事をタップしよう。

2 ニュース記事を チェックする

続きを読む

「続きを読む」でより詳しい記事が読める

ニュース記事が表示される。記事によっては画面最下部でユーザーのコメントもチェックできる。

操作のヒント

タブは並べ替えと選択が可能

画面右上の矢印ボタンをタップすると、最上部にあるカテゴリタブの並べ替えと選択が可能だ。使いやすいように設定しよう。

ここをドラッグして並べ替える

アプリ

088

人気の海外ドラマやオリジナル作品も充実

iPhoneで見放題のドラマや映画を楽しむ

 アプリ

Netflix
作者／Netflix, Inc.
価格／無料

「Netflix」は、国内外のTVドラマや映画、アニメなどが見放題の定額制の動画配信アプリだ。「ウォーキング・デッド」など、大人気の海外TVドラマシリーズが充実している点が魅力だが、最近ではNetflixオリジナルの作品も続々と出揃ってきている。動画のダウンロード機能も搭載しており、オフライン再生も可能だ。

1 観たい動画を 探して視聴する

「再生」ですぐに動画が再生される

アプリを開いたら、観たい動画を探して再生しよう。画面下の「検索」からキーワード検索することもできる。

2 ダウンロード保存 も可能だ

動画をダウンロード保存する

ダウンロードボタンを押すと、動画を端末内に保存できる。これでオフライン再生が可能だ。

設定ポイント

視聴プランを選ぶ

Netflixには、以下表のように3つの有料プランがある。ベーシックはSD画質で1台、スタンダードはHD画質で2台、プレミアムは最大4K画質で4台まで同時視聴可能だ。

プラン	月額(税抜)
ベーシック	800円
スタンダード	1,200円
プレミアム	1,800円

欲しい物はiPhoneですぐに購入しよう

Amazonでいつでも どこでも買い物をする

 アプリ

オンラインショッピングを楽しみたいのであれば、Amazonの公式アプリを導入しておくといい。iPhoneですぐに商品を探して、その場で注文することが可能だ。利用にはAmazonアカウントが必要になるので、持っていない人はあらかじめ登録しておくこと。なお、年額4,900円／月額500円（税込）の

Amazonプライム会員に別途加入しておくと、対象商品の配送料や、お急ぎ便（最短1日で配送してくれる）、お届け日時指定便（お届け日と時間を指定できる）などの手数料が無料になる。Prime VideoやPrime Musicなどの各種サービスも使い放題になるので、まずは無料体験を試してみよう。

Amazonアプリで商品を探して購入する

1 Amazonアカウントでログインする

Amazon
作者／AMZN Mobile LLC
価格／無料

Amazonアカウントでログインする

Amazonの公式アプリを起動したら、Amazonアカウントでログインしておこう。アカウントを持っていない人は「アカウントを作成」から自分の住所や支払情報などを登録しておくこと。

2 商品を検索して買いたいものを探そう

商品をキーワード検索

検索結果から欲しい商品をタップする

商品の詳細ページが表示されるので、サイズや数量などを設定する

検索欄にキーワードを入力して欲しい商品を探そう。見つかったら商品の画像をタップして詳細画面を表示。商品内容を確認して、問題なさそうであればサイズや数量を設定しておこう。

3 商品をカートに入れて注文する

商品をカートに入れる

販売業者と発送業者をチェックしておこう

レジに進む タップ

商品を購入する場合は「カートに入れる」をタップし、続けて「レジに進む」をタップしよう。あとはお届け住所や支払い方法などを確認して注文を確定すればOKだ。

こんなときは?

Amazonの配送料について

Amazonの通常配送料は、発送業者がAmazonの商品であれば410円かかる（北海道・九州・沖縄・離島の場合は450円）。ただし、合計2,000円以上の注文の場合は、配送料が無料になる。お急ぎ便やお届け日時指定便は、合計2,000円以上でも送料510円だ。プライム会員ならすべて無料になる。

Amazonのおもな配送料（発送業者がAmazonの場合）

配送の種類	通常会員	プライム会員
通常配送料	410円 （北海道・九州・沖縄・離島は450円） ※計2,000円以上の注文で無料	無料
お急ぎ便	510円 （北海道・九州は550円。沖縄や離島は対象外）	無料
お届け日時指定便	510円 （北海道・九州は550円。沖縄や離島は対象外）	無料

※発送業者がAmazon以外の商品はプライム会員でも配送料がかかる

090

 アプリ

AmazonのKindleで電子書籍を読もう

iPhoneで
電子書籍を楽しむ

電子書籍をiPhoneで読みたいのであれば、Amazonの電子書籍アプリ「Kindle」をインストールしておこう。漫画、ビジネス書、実用書、雑誌など、幅広いジャンルの本をダウンロードして閲覧することができる。ただし、Kindleアプリからは電子書籍の購入ができないので要注意。あらかじめSafariで

Amazonにアクセスし、読みたいKindle本を購入しておこう。また、本好きの人は、月額980円で和書12万冊以上が読み放題となる「Kindle unlimited」に加入しておくといい。Amazonのプライム会員であれば、常に数百冊前後の本が読み放題となる「Prime Reading」も利用できる。

Kindleで電子書籍を読んでみよう

1 Amazonにアクセスして読みたい本を購入する

①「形式・仕様」をKindle版に変更する

②Kindle本を購入する

Kindle本は、KindleアプリやNo089で解説しているAmazonアプリでは購入できない。SafariでAmazonにアクセスして購入する必要がある。まずは、読みたい本を検索。電子書籍に対応していれば、「Kindle版」を選ぶことができる。

2 Kindleで電子書籍をダウンロードして読む

Kindle
作者／AMZN Mobile LLC
価格／無料

ライブラリ画面から読みたい本をダウンロード

Kindleを起動したら、Amazonアカウントでログインする。画面下の「ライブラリ」をタップすると購入したKindle本が並ぶので表紙画像をタップ。ダウンロード後、すぐに読むことができる。

3 読み放題対応の本はすぐダウンロードが可能

「カタログ」画面を表示して、読みたい本を検索

読み放題サービス対応の本なら「読み放題で読む」をタップしてすぐ読める

Kindle UnlimitedやPrime Readingの読み放題サービスに加入している人は、Kindleアプリ内で対象の本をすぐにダウンロードできる。画面下の「カタログ」画面から検索して探そう。

 こんなときは?

読み放題サービス
Kindle Unlimitedと
Prime Reading
の違い

Kindleには、読み放題サービスが2種類ある。月額980円で和書12万冊以上が読み放題になるのが「Kindle Unlimited」。プライム会員なら追加料金なしで使えるのが「Prime Reading」だ。Prime Readingは、対象タイトルの入れ替えが頻繁に行われ、常時数百冊前後が読み放題となる。

Kindle UnlimitedとPrime Readingの比較

	Kindle Unlimited	Prime Reading
月額料金（税込）	980円	プライム会員なら無料
読み放題冊数	和書12万冊以上 洋書120万冊以上	Kindle Unlimitedのタイトルから数百冊
補足	毎月たくさん本を読む人にオススメ。プライム会員とは別料金	読み放題の冊数は少ないが、プライム会員は無料で使える

アプリ
091

アプリが勝手に更新されないようにする

アプリを自分のタイミングで手動アップデートしよう

本体設定

iPhoneのアプリは、不具合の修正や新機能を搭載した最新版が「アップデート」という形で時々配信される。標準では、Wi-Fi接続中に自動でアップデートされる設定になっているので、特に何もしなくても常に最新の状態で使える。ただ、アプリの更新によって使い勝手が大きく変わったり、不具合が発生することがあるので、アップデートは自分のタイミングで行いたい人もいるだろう。下で解説しているように、「設定」→「App Store」→「Appのアップデート」のスイッチをオフにしておけば、アプリを手動でアップデートできるようになる。

使いこなしPOINT

アプリの手動アップデート手順

1 アプリの自動アップデート機能をオフにしておく

タップしてオフにする。基本的にアプリは最新バージョンでの利用が推奨されるため、よくわからない場合はオンのままにしておこう

アプリを手動でアップデートするには、まず「設定」→「App Store」をタップして開こう。「Appのアップデート」のスイッチをオフにすると、アプリが自動でアップデートされなくなる。

2 App Storeの通知を確認する

アップデートのあるアプリの数がバッジで表示される

アプリの自動アップデートがオフの状態では、インストール済みアプリのアップデートが配信された際に、App Storeの右上に赤丸の数字（バッジ）が表示される。この数字は、アップデートが配信されているアプリの数になる。

3 App Storeのユーザーボタンをタップする

12月6日 日曜日

Today

ゲームガイド
ディズニーの仲間がカードで試合に加勢

バッジを確認したら、App Storeを起動しよう。続けて画面右上のユーザーボタン（自分で写真や画像を設定している場合もある）をタップして、「アカウント」画面を開く。

4 アップデートを実行する

アカウント　　　　完了

利用可能なアップデート

すべてをアップデート

タップしてアップデート開始

シンプルカメラ高画質
バージョン3.9.9

アップデート

iPhone 12 Pro MAX に対応しました。
ダブルタップでカメラの前後方向を変更で　さらに表示

アップデートを利用できるアプリを確認し、「アップデート」ボタンをタップすると、そのアプリが更新される。また、「すべてをアップデート」をタップすれば、まとめてアップデートすることができる。

アプリ 092

アプリでラジオを聴取しよう

聴き逃した番組も後から楽しめる定番ラジオアプリ

 アプリ

radiko
作者／株式会社radiko
価格／無料

「radiko」は、インターネット経由でラジオを聴取できるアプリだ。フリー会員の場合は、現在地の地方で配信されている番組を聴ける。月額350円（税抜）のプレミアム会員に登録すれば、全国のラジオを聴くことも可能だ。聴き逃した番組も、1週間以内ならタイムフリー機能でいつでも聴くことができるので便利。

デジタルデータで配信されるので、通常のラジオよりもノイズが少なく、音声がクリアなのも特徴だ。

アプリ 093
アプリ

標準メモアプリを使いこなそう

iPhoneでメモを取る

 メモ

「外出先で思い付いたアイディアをサッと書き留めておきたい」、「今度の旅行で必要な物を買い物メモとしてまとめておきたい」……そんなときに使うと便利なのが、iPhone標準のメモアプリだ。メモにはテキストだけでなく、表やチェックリスト、写真、手書きメモを挿入することが可能。毎日食べたものを書き留めたり、掲示物を写真撮影してメモとして残したり、イラストのラフスケッチを手書きで描いたりなど、幅広い用途で利用できる。

画面右下の新規メモボタンをタップしてメモを作成しよう。表やチェックリスト、写真などの挿入も可能だ。

アプリ 094
アプリ

標準の時計アプリでアラームを設定しよう

iPhoneを目覚ましとして利用する

 時計

iPhoneには標準で時計アプリが搭載されており、アラーム機能を利用することが可能だ。アラームを使うには、まずアプリを起動して「アラーム」画面を表示。「＋」をタップし、アラームを鳴らす時刻やサウンドなどを設定しよう。アラームは複数追加することができるので、起きる時刻や出かける時刻で別々に設定したい場合にも対応可能だ。なお、サイレントスイッチをオンにした「消音モード」状態でも、アラーム音は鳴るので安心だ。アラームの音量は、着信／通知音量に準ずるのであらかじめ調整しておこう。

1 時計アプリでアラームを追加

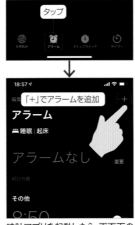

時計アプリを起動したら、画面下の「アラーム」をタップ。さらに「＋」をタップしてアラームを追加しよう。

2 アラームの設定を行う

アラームの追加画面になるので時間やサウンドなどを設定する。「保存」でアラームが有効になる。

3 指定時刻にアラームが鳴る

指定時刻になるとアラームが鳴り、ロック画面が上のような画面になる。「停止」を押せばアラームは止まる。

もっと役立つ便利な操作

ここではiPhoneをもっと快適に使うために覚えておきたい便利な操作や、トラブルに見舞われた際の対処法を解説する。iPhoneに話しかけて操作する「Siri」の使い方や、なくしてしまったiPhoneを探し出す方法も紹介。

095

 本体設定

iPhoneの中身をバックアップするためのサービス

仕組みがわかりにくい iCloudのおすすめ設定法

Apple IDを取得すると（No017で解説）使えるサービスの一つが「iCloud」だ。基本的には「iPhoneの各種データをバックアップしておけるインターネット上の保管スペース」と思えばよい。下で解説しているように、標準アプリのデータと、本体の設定などのデータ、インストール済みのその他アプリの

データのバックアップ設定をすべてオンにしておけば、iPhoneが故障したり紛失しても、右ページの手順でiPhoneを元通りに復元できる。ただし、無料で使える容量は全部で5GBまでなので、空き容量が足りなくなったら、バックアップするデータを選択するか容量を追加購入する必要がある。

iCloudにバックアップする項目を選ぶ

1 標準アプリのデータをバックアップする

「設定」の一番上のユーザー名（Apple ID）をタップし、続けて「iCloud」をタップしよう。「写真」「メール」「連絡先」などのスイッチをオンにしておくと、これら標準アプリのデータは常にiCloudに保存されるようになる。

2 iPhoneの設定などをバックアップする

手順1の画面を下にスクロールし、「iCloudバックアップ」をタップしてスイッチがオンになっていることも確認しよう。本体の設定や、ホーム画面の構成、標準アプリ以外のアプリのデータなどをiCloudへ定期的にバックアップする。

3 標準アプリ以外のデータをバックアップ

「iCloud」→「ストレージを管理」→「バックアップ」→「このiPhone」をタップすると、標準以外のインストール済みアプリが一覧表示される。スイッチをオンにしたアプリのデータは、手順2の「iCloudバックアップ」でバックアップされる。

 操作のヒント

iCloudに手動でバックアップを作成する方法

「iCloudバックアップ」は、iPhoneがロック中で電源とWi-Fiに接続されている時に自動でバックアップされる。今すぐバックアップしたい時は、Apple IDの設定画面で「iCloud」→「iCloudバックアップ」をタップし、「今すぐバックアップを作成」をタップしよう。すぐにバックアップが開始される。

タップすると手動でバックアップを作成できる

ボタンの下の表示で、前回のバックアップ日時も確認できる

いざという時はiCloudバックアップから復元する

1 iCloudバックアップから復元する

iPhoneを初期化したり機種変更した際は、iCloudバックアップがあれば、元の環境に戻せる。まず初期設定中に、「Appとデータ」画面で「iCloudバックアップから復元」をタップしよう。

2 復元するバックアップを選択

Apple IDでサインインを済ませると、iCloudバックアップの選択画面が表示される。最新のバックアップを選んでタップし、復元作業を進めていこう。

3 バックアップから復元中の画面

iCloudバックアップから復元すると、バックアップ時点のアプリが再インストールされ、ホーム画面のフォルダ構成なども元通りになる。アプリによっては、再ログインが必要な場合もある。

iCloudの容量を追加購入する

1 iCloudの容量を追加購入する

どうしてもiCloudの容量が足りない時は、やりくりするよりも容量を追加購入したほうが早い。まず、iCloudの設定画面で「ストレージを管理」→「ストレージプランを変更」をタップ。

2 必要な容量にアップグレードする

有料プランを選ぼう。一番安い月額130円のプランでも50GBまで使えるので、iCloudの空き容量に悩むことはほとんどなくなる。200GB／月400円、2TB／月1,300円のプランも選べる。

💡 操作のヒント

標準アプリのデータは同期されている

iCloudで、連絡先やカレンダーなど標準アプリのスイッチをオンにしていると、iPhoneで連絡先を作成したりカレンダーの予定を変更するたびに、リアルタイムでiCloudにも変更内容がバックアップされるようになる。このような状態を「同期」と言う。iCloud上には、iPhoneの標準アプリのデータが常に最新の状態で保存されているのだ。データがすべてiCloud上にあるので、同じApple IDでサインインしたiPadなどからも、同じ連絡先やカレンダーの予定を確認したり変更できる。ただし、iPhoneで連絡先や予定を削除すると、iCloudやiPadからもデータが削除される点に注意しよう。

賢い音声アシスタント「Siri」を使いこなそう

iPhoneに話しかけて さまざまな操作を行う

　iPhoneには、話しかけるだけでさまざまな操作を行ってくれる、音声アシスタント機能「Siri」が搭載されている。たとえば「明日の天気は？」と質問すれば天気予報を教えてくれるし、「青山さんに電話して」と話しかければ連絡先の情報に従って電話をかけてくれる。このように、ユーザーの代わりに情報を検索したりアプリを操作するだけでなく、日本語を英語に翻訳したり、現在の為替レートで通貨を変換するといった便利な使い方も可能だ。さらに、早口言葉やものまねも頼めばやってくれるなど、本当に人と話しているような自然な会話も楽しめるので、色々話しかけてみよう。

Siriを有効にする設定と起動方法

1　設定でSiriを有効にする

「設定」→「Siriと検索」で、「サイドボタン（ホームボタン）を押してSiriを使用」をオンにすれば、Siriが有効になる。必要なら「"Hey Siri"を聞き取る」「ロック中にSiriを許可」もオン。

2　ホームボタンのない機種でSiriを起動する

ホームボタンのない機種で、Siriを起動するには、本体側面にあるサイドボタン（電源ボタン）を長押しすればよい。画面を下から上にスワイプすると、Siriの画面が閉じる。

3　ホームボタンのある機種でSiriを起動する

iPhone 8などのホームボタンのある機種で、Siriを起動するには、本体下部にある「ホームボタン」を長押しすればよい。もう一度ホームボタンを押すと、Siriの画面が閉じる。

呼びかけて起動するように設定する

「設定」→「Siriと検索」で「"Hey Siri"を聞き取る」をオンにし、指示に従い自分の声を登録すれば、iPhoneに「ヘイシリ」と呼びかけるだけでSiriを起動できるようになる。他の人の声には反応しないので、セキュリティ的にも安心だ。

「続ける」をタップし、指示に従って自分の声を登録する

Siriの基本的な使い方

1 Siriを起動して話しかける

このマークが表示されたら話しかける

サイド（電源）ボタンもしくはホームボタンを長押しするか、「ヘイシリ」と呼びかけてSiriを起動。画面下部に丸いマークが表示されたら、Siriに頼みたいことを話しかけよう。

2 Siriがさまざまな操作を実行してくれる

もう一度Siriに話しかけるには、このボタンをタップ。聞き取り待機状態になる

「明日7時に起こして」で7時にアラームをセットしてくれたり、「今日の天気は?」で天気と気温を教えてくれる。続けて質問するには、画面下部にあるボタンをタップしよう。

3 Siriへの質問内容を編集するには

オンにしておく

声では質問内容がうまく伝わらない時は、テキスト部をタップして正しい質問を入力し直そう

「設定」→「Siriと検索」→「Siriの応答」で「話した内容を常に表示」をオンにしておくと、Siriに対して話した内容がテキストで表示され、タップして質問内容を編集できるようになる。

Siriの便利な使い方も知っておこう

日本語を英語に翻訳

「(翻訳したい言葉)を英語にして」と話しかけると、日本語を英語に翻訳し、音声で読み上げてくれる。

通貨を変換する

例えば「60ドルは何円?」と話しかけると、最新の為替レートで換算してくれる。また各種単位換算もお手の物だ。

流れている曲名を知る

「この曲は何?」と話かけ、音楽を聴かせることで、今流れている曲名を表示させることができる。

アラームを全て削除

ついついアラームを大量に設定してしまう人は、Siriに「アラームを全て削除」と話しかければ簡単にまとめて削除できる。

おみくじやサイコロ

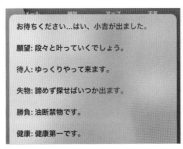

「おみくじ」でおみくじを引いてくれたり、「サイコロ」でサイコロを振ってくれるなど、遊び心のある使い方も。

「さようなら」で終了

Siriは画面を下から上にスワイプするかホームボタンで終了できるが、「さようなら」と話しかけることでも終了可能だ。

便利 **097**

スクリーンショットを撮影してみよう

表示されている画面を そのまま写真として保存する

本体操作

iPhoneには、表示されている画面を撮影し、そのまま写真として保存できる「スクリーンショット」機能が搭載されている。iPhone 12などのホームボタンのない機種は、電源ボタンと音量を上げるボタンを同時に押す。iPhone 8などのホームボタンのある機種は、電源ボタンとホームボタンを同時に押せば撮影が可能だ。撮影すると、画面の左下にサムネイルが表示される。左にスワイプするか、しばらく待つと消えるが、タップすれば写真に文字を書き込んだり、メールなどで共有できる。

ホームボタンなし

電源ボタンと、音量を上げるボタンを同時に押す

ホームボタンあり

電源ボタンと、ホームボタンを同時に押す

スクリーンショットの保存先

撮影した画面は、「写真」アプリの「アルバム」→「スクリーンショット」で確認できる。

便利 **098**

ボタンを押すだけですぐ消せる

かかってきた 電話の着信音を すぐに消す

本体操作

電車の中や会議中など、電話に出られない状況で電話がかかってきたら、慌てずに電源ボタンか、音量ボタンの上下どちらかを1回押してみよう。即座に着信音が消え、バイブレーションもオフにできる。この状態でも着信自体を拒否したわけではないので、そのまましばらく待っていれば、自動的に留守番電話に転送される。すぐに留守番電話に転送したい場合は、電源ボタンを2回連続で押せばよい。

電源ボタンを押す

音量ボタンの上下どちらかを押してもよい

電源ボタンか、音量ボタンの上下どちらかを1回押せば、電話の着信音を即座に消せる。

便利 **099**

iPhoneの画面を見ずに操作できる

通話もできる 付属のイヤホンの 使い方

本体操作

iPhoneに付属しているイヤホン「EarPods」には、マイクが内蔵されているほか、音量の「＋」「－」ボタンと、その間に「センター」ボタンが付いている。これらのボタンを使えば、iPhoneの画面を見なくてもさまざまな操作が可能だ。例えば、電話がかかってきた時はセンターボタンを1回押せば応答できる。なお、iPhone 12シリーズではEarPodsが付属しなくなったため、別途購入する必要がある。

リモコンの主な操作方法

ミュージック／ビデオ

●再生／一時停止
センターボタンを押す

●次の曲、チャプターへスキップ
センターボタンを素早く2回押す

●曲、チャプターの先頭へ
センターボタンを素早く3回押す。曲、チャプターの先頭で3回押すと前の曲、チャプターへスキップする

●早送り
センターボタンを素早く2回押して2回目を長押し

通話

●応答する／終了する
センターボタンを押す

●応答を拒否する
センターボタンを2秒間長押し

その他

●写真、ビデオの撮影
音量ボタンを押す。ビデオ撮影の終了は再度音量ボタンを押す

●Siriの起動
センターボタンを長押し。センターボタンを押してSiriを終了

本体設定

メールアドレスや住所を予測変換に表示させる
文字入力を効率化する ユーザ辞書機能を利用する

よく使用する固有名詞やメールアドレス、住所などは、「ユーザ辞書」に登録しておくと、予測変換からすばやく入力できるようになり便利だ。まず本体の「設定」→「一般」→「キーボード」→「ユーザー辞書」を開き、右上の「＋」ボタンをタップしよう。新規登録画面が開くので、「単語」に変換するメールアドレスや住所を入力し、「よみ」に簡単なよみがなを入して、「保存」をタップすれば辞書に登録できる。次回からは、「よみ」を入力すると、「単語」の文章が予測変換に表示されるようになる。

1 ユーザ辞書の 登録画面を開く

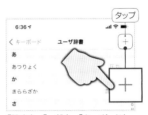

「設定」→「一般」→「キーボード」→「ユーザ辞書」で「＋」ボタンをタップする。この画面で登録済みの辞書の編集や削除も行える。

2 単語とよみを 入力して保存

「単語」に変換する文字を入力し、「よみ」によみがなを入力

「単語」に変換したいメールアドレスや住所を入力し、「よみ」には簡単に入力できるよみがなを入力して「保存」をタップしよう。

3 変換候補に 単語が表示される

変換候補からタップして入力できる

「よみ」に入力したよみがなを入力すると、「単語」に入力した内容が変換候補に表示され、タップして素早く入力できるようになる。

 アプリ

各キャリアのアプリで正確な通信量をチェック
通信量（ギガ）をどれだけ 使ったか確認する

従量制プランで契約していると、少し通信量を超えただけで料金が大きく変わってしまう。また一定容量を超過すると、通信速度が大幅に制限される場合もある。モバイル通信を使いすぎて「ギガ死」状態に陥らないよう、現在のモバイルデータ通信量をこまめにチェックしておこう。各キャリアの公式アプリを使うかサポートページにアクセスすると、現在までの正確な通信量を確認できるほか、今月や先月分のデータ量、直近3日間のデータ量、速度低下までの残りデータ量など、詳細な情報を確認できる。

1 公式アプリを 入手する

ドコモは「My docomo」、auは「My au」、ソフトバンクは「My SoftBank」アプリをインストール。

2 アプリで 通信量を確認

それぞれのアプリで「データ量」などの画面を開くと、利用データ量や残りデータ量を確認できる。

3 ウィジェットで 確認できる場合も

「My docomo」ならウィジェットも用意されているので、ホーム画面から通信量を手軽に確認できる。

便利

102

充電確認と再起動が基本

電源が入らない時や
画面が固まった時の対処法

本体操作

　iPhoneの画面が真っ暗で電源が入らない時は、まずバッテリー切れを確認しよう。一度完全にバッテリー切れになると、ある程度充電してからでないと電源を入れられない。画面が固まったり動作がおかしい時は、iPhoneを再起動してみるのが基本的な対処法だ。iPhone 12などのホームボタンのない機種は電源ボタンと音量ボタンの上下どちらかを、iPhone 8などのホームボタンのある機種は電源ボタンを押し続けると、「スライドで電源オフ」が表示され、これを右にスワイプして電源を切ることができる。このスライダは「設定」→「一般」→「システム終了」でも表示される。

バッテリー切れを確認する、再起動する

1 電源が入らない時はバッテリーを確認

画面が真っ黒のままで電源が入らないなら、バッテリー切れをチェック。充電器に接続してしばらく待てば、充電中のマークが表示され、起動できるようになるはずだ。

2 調子が悪い時は一度電源を切る

ホームボタンのない機種は電源ボタンといずれかの音量ボタンを、ホームボタンのある機種は電源ボタンを、スライダが表示されるまで押し続ける

iPhoneの動作が重かったり、画面が動かない時は、電源（＋音量）ボタンの長押しで表示される、「スライドで電源オフ」を右にスワイプ。一度本体の電源を切ろう。

3 電源ボタンを長押しして起動する

Appleロゴが表示されるまで長押し

iPhoneの電源が切れたら、もう一度電源を入れ直そう。電源ボタンをAppleロゴが表示されるまで長押しすれば、iPhoneが再起動する。

こんなときは？

うまく充電できない時は純正品を使おう

iPhoneを電源に接続して充電しているはずなのに、電源が入らない時は、使用しているケーブルや電源アダプタを疑おう。他社製品を使っているとうまく充電できない場合がある。iPhone付属の純正ケーブルと電源アダプタで接続すれば、しっかり充電が開始されるようになる。

103

強制的に再起動する方法を覚えておこう

電源を切ることも
できなくなったら

 本体操作

iPhoneが不調の時は再起動すると直ることが多いが、画面が完全に固まって操作を受け付けない状態になると、No102の手順では「スライドで電源オフ」が表示されず、電源を切れなくなってしまう。そんな時は、iPhoneを強制的に再起動する方法があるので覚えておこう。ただし、強制再起動する手順は、「iPhone X以降とiPhone 8／8 Plus」「iPhone 7／7 Plus」「iPhone 6s以前」で異なっているので注意。それぞれの手順は、右にまとめている。強制的に再起動しても、端末内のデータなどは消去されない。

iPhone X以降と iPhone 8／8 Plus

音量を上げるボタンを押してすぐ離し、続けて音量を下げるボタンを押してすぐ離す。最後に電源ボタンを長押しすれば、強制再起動できる

iPhone 7／7 Plus

電源ボタンと音量を下げるボタンを同時に長押しすると、強制再起動できる

iPhone 6s以前

電源ボタンとホームボタンを同時に長押しすると、強制再起動できる

104

アプリを完全終了するか一度削除してしまおう

アプリの調子が悪く
すぐに終了してしまう

 本体操作

アプリが不調な時は、まずそのアプリを完全に終了させてみよう。iPhone 12などのホームボタンのない機種は画面を下から上へスワイプ、iPhone 8などのホームボタンのある機種はホームボタンをダブルクリックすると、最近使ったアプリが一覧表示される「Appスイッチャー」画面が開く。この中で不調なアプリを選び、上にフリックすれば完全に終了できる。アプリを再起動してもまだ調子が悪いなら、そのアプリを一度アンインストールして、App Storeから再インストールし直そう。

1 アプリを完全に終了してみる

ホームボタンのない機種は画面を下から上にスワイプ、ホームボタンのある機種はホームボタンをダブルクリックしてAppスイッチャー画面を開き、終了したいアプリを上にフリックする

不調なアプリは、Appスイッチャー画面を開いて、一度完全に終了させてから再起動しよう。

2 不調なアプリを一度削除する

アプリをロングタップして「Appを削除」→「Appを削除」をタップ

まだアプリが不調なら、ホーム画面でアプリをロングタップし、「Appを削除」で削除しよう。

3 削除したアプリを再インストール

App Storeで削除したアプリを探して再インストール。購入済みのアプリは無料でインストールできる。

初期化しても駄目なら修理に出そう

不調がどうしても
解決できない時は

No102〜104で紹介したトラブル対処法を試しても動作の改善が見られないなら、iPhoneを初期化してしまうのがもっとも簡単で確実なトラブル解決方法だ。ただし、初期化すると工場出荷時の状態に戻ってしまうので、当然iPhone内のデータはすべて消える。元の環境に戻せるように、iCloudバックアップ（No095で解説）は必ず作成しておこう。初期化しても駄目なら、物理的な故障などが考えられる。「Appleサポート」アプリを使えば、電話やチャットでサポートに問い合わせたり、近くのアップルストアまたはApple認定の修理対応店舗に、持ち込み修理を予約することも可能だ。

iPhoneの初期化とサポートへの問い合わせ

1 「すべてのコンテンツと設定を消去」をタップ

端末の調子が悪い時は、一度初期化してしまおう。まず、「設定」→「一般」→「リセット」を開き、「すべてのコンテンツと設定を消去」をタップする。

2 iCloudバックアップを作成して消去

消去前の確認画面で「バックアップしてから消去」をタップ。これで、最新のiCloudバックアップを作成した上で端末を初期化できる。初期化後はNo095の手順で、iCloudから復元しよう。

3 破損などのトラブルはAppleサポートで解決

Apple
サポート
作者／Apple
価格／無料

物理的な破損などのトラブルは「Appleサポート」アプリが便利だ。Apple IDでサインインして端末と症状を選べば、サポートに電話したり、アップルストアなどに持ち込み修理を予約できる。

こんなときは？

iPhoneの保証
期間を確認
するには

すべてのiPhoneには、製品購入後1年間のハードウェア保証と90日間の無償電話サポートが付いている。iPhone本体だけでなくアクセサリも対象なので、ケーブルや電源アダプタも故障したら無償交換が可能だ。自分のiPhoneの残り保証期間は、「Appleサポート」アプリで確認しよう。

Appleサポートアプリでデバイスを選択し「デバイスの詳細」をタップ

残り保証期間を確認できる

便利
106

「探す」アプリで探し出せる

紛失したiPhoneを探し出す

 本体操作

iPhoneには万一の紛失に備えて、端末の現在地を確認できるサービスが用意されている。あらかじめ、iCloudの「探す」機能を有効にしておき、位置情報サービスもオンにしておこう。紛失したiPhoneを探すには、同じApple IDでサインインしたiPadや家族のiPhoneで「探す」アプリを使えばよい。

マップ上で場所を確認できるだけでなく、徐々に大きくなる音を鳴らしたり、端末の画面や機能をロックする「紛失モード」も有効にできる。なお、パソコンなどのWebブラウザでiCloud.com（https://www.icloud.com/）にアクセスすれば、「iPhoneを探す」画面で同様の操作を行える。

事前の設定と紛失した端末の探し方

1 Apple IDの設定で「探す」をタップ

まずは、「設定」の一番上にあるApple IDをタップし、「探す」をタップする。また、「設定」→「プライバシー」→「位置情報サービス」のスイッチもオンにしておくこと。

2 「iPhoneを探す」の設定を確認

すべてオンにしておく

「iPhoneを探す」がオンになっていることを確認しよう。また、「"探す"のネットワーク」と、「最後の位置情報を送信」もオンにしておく。

3 「探す」アプリで紛失したiPhoneを探す

「デバイスを探す」画面で紛失したiPhone名をタップ

iPhoneを紛失したら、iPadや家族のiPhoneで「探す」アプリを起動し、同じApple IDでサインイン。パソコンやAndroidスマートフォンのWebブラウザでiCloud.comへアクセスし、「iPhoneを探す」メニューを開いてもよい。紛失したiPhoneを選択すれば、現在地がマップ上に表示される。

 操作のヒント

「探す」アプリで利用できるその他の機能

マップ上の場所を探しても見つからないなら、「サウンド再生」で徐々に大きくなる音を約2分間鳴らせる。また「紛失としてマーク」を有効すれば、iPhoneは即座にロックされ（パスコード非設定の場合は遠隔で設定）、画面には拾ってくれた人へのメッセージと電話番号を表示できる。

095

2021 年 1 月 1 日 発 行

編集人
清水義博

発行人
佐藤孔建

発行・発売所
スタンダーズ株式会社
〒160-0008 東京都新宿区
四谷三栄町 12-4 竹田ビル3F
TEL 03-6380-6132

印刷所
株式会社廣済堂

©standards 2021
本書からの無断転載を禁じます

S t a f f

Editor
清水義博(standards)

Writer
西川希典
狩野文孝

Cover Designer
高橋コウイチ(WF)

Designer
高橋コウイチ(WF)
越智健夫

本書の記事内容に関するお電話での
ご質問は一切受け付けておりません。
編集部へのご質問は、書名および何
ページのどの記事に関する内容かを詳
しくお書き添えの上、下記アドレスまでE
メールでお問い合わせください。内容に
よってはお答えできないものや、お返事
に時間がかかってしまう場合もあります。

info@standards.co.jp

ご注文FAX番号
03-6380-6136